99招

让你成为养殖能手

改革开放以来，我国的养殖业得到了前所未有的发展，彻底改变了多年来畜牧产品极度缺乏的状况，不仅为广大人民群众提供了生活所需的肉、蛋、奶，还增加了农民收入，使农民走上了脱贫致富的道路。尤其是在大力推动社会主义新农村建设的今天，养殖业更是成为帮助农民增收致富的首选创业项目，具有广阔的发展前景。一方面，随着社会经济的发展和物质生活水平的不断提高，消费需求在日益增大，为养殖业的发展提供了国惠农政策做保障，很多农民纷纷寻找合适的养殖行业，为养殖行业的发展得了"三农"问题的精神，贴近的是农村、农业、农民的是农民致富奔小康的迫切心愿。然而，一番勤劳辛苦下来，不睡钵满盆满，反而亏损赔钱，怨天怨地不论究其原因，没户军之一。

没有能力去承挂疫情等突发情况的养殖户，又怎么能靠养殖发财致富有所作为呢？那些在养殖业上尝到了甜头和羡慕的养殖户肯定是既有经营头脑，又懂技术，且有资金支撑的人。因此，想要改变陈旧的传统的小农意识，用先进的能够适应现代化养殖业的思想指导创业，努力学习先进的养殖技术和养殖模式，为尽快走上养殖致富路增着干别人赚钱就盲目投资，想当然地跟其他人走。想想看，一个连理水平上仿别人，甚至，别人干什么，自己也干什么

黄鹤 总主编

江西教育出版社
JIANGXI EDUCATION PUBLISHING HOUSE

图书在版编目（CIP）数据

99招让你成为养殖能手 / 黄鹤主编.——南昌：江西教育出版社，2010.11
（农家书屋九九文库）
ISBN 978-7-5392-5914-7

Ⅰ.①9… Ⅱ.①黄… Ⅲ.①养殖—农业技术—基本知识 Ⅳ.①S8

中国版本图书馆CIP数据核字(2010)第198641号

99招让你成为养殖能手
JIUSHIJIU ZHAO RANG NI CHENGWEI YANGZHI NENGSHOU

黄鹤 主编

江西教育出版社出版
（南昌市抚河北路291号　邮编：330008）
北京龙跃印务有限公司印刷
680毫米×960毫米　16开本　8印张　150千字
2016年1月1版2次印刷
ISBN 978-7-5392-5914-7　　定价：29.80元

赣教版图书如有印装质量问题，可向我社产品制作部调换
电话：0791-6710427（江西教育出版社产品制作部）
赣版权登字-02-2010-200
版权所有，侵权必究

前言 qianyan

改革开放以来,我国的养殖业得到了前所未有的发展,彻底改变了多年来畜牧产品极度缺乏的状况,不仅为广大人民群众提供了生活所需的肉、蛋、奶,还增加了农民收入,使农民走上了脱贫致富的道路。尤其是在大力推动社会主义新农村建设的今天,养殖业更是成为帮助农民增收致富的首选创业项目,具有广阔的发展前景。一方面,随着社会经济的发展和物质生活水平的不断提高,老百姓对畜禽肉蛋等产品的消费需求在日益增大,为养殖业的发展提供了契机;另一方面,养殖业走进的是农村,贴近的是农民,增加的是农民的收入,符合国家解决"三农"问题的精神,因此,政府相继出台了一系列"惠农"政策,为养殖行业的发展创造了前所未有的政策环境。有了优越的政策做保障,很多农民尤其是返乡农民工的创业积极性得到了大大的提高,纷纷寻找合适的养殖种类,加入农村养殖大军之列。然而,一番勤劳辛苦下来,几家欢喜几家忧,有的养殖户赚得盆满钵满,事业越做越大,越做越科学;有的养殖户非但没有赚到钱,反而亏损赔钱,怨声四起,发出在"农村搞养殖业不赚钱"的论调。究其原因,问题还是出在个人的养殖技术水平和养殖管理水平上。想想看,一个对养殖行业的特点和形势了解甚少,看到别人赚钱就盲目投资,自己却缺乏基本的养殖技术知识,只知道模仿别人,想当然的跟着干,没有能力去承担疫情等突发情况的养殖户,又怎么能靠养殖发财致富有所作为呢?那些在养殖业上尝到了甜头,事业上皆大欢喜的养殖户肯定是既有经营头脑,又懂技术,且有资金支撑的人。因此,想要抓住机遇发展养殖业,首先是要改变陈旧的传统的小农意识,用先进的能够适应现代化养殖业的思想指导创业,努力学习先进的养殖技术和养殖模式,为尽快走上养殖致富路增添成功的砝码。

本书将立足广大农民群众的需求,为那些有创业激情,希望在养殖行业有所发展的人支招献策,提供99招基础、实用、科学的养殖方法和技术,帮助他们成为养殖能手,开拓自己的事业天地。

在本书的编写过程中,我们参考了一些相关书籍及文章,在此对他们表示衷心的感谢。限于笔墨,这里就不一一列出书名、文章题目及作者了。

目 录 Contents

第一章 25招教你建造开心农场 ... 001

第一节 教你2招让猪过上幸福的"低碳"生活 ... 002
招式1：利用发酵床技术，建造生态猪舍 ... 002
招式2：科学设计猪舍，自然节能养猪 ... 005

第二节 2招教你学会选购和饲养苗猪 ... 006
招式3：如何科学选购苗猪 ... 006
招式4：如何饲喂新购苗猪 ... 007

第三节 2招教你养好母猪 ... 008
招式5：如何饲养妊娠母猪 ... 008
招式6：如何饲养产后母猪 ... 009

第四节 教你4招四季科学养猪 ... 010
招式7：四大环节助你春季养好猪 ... 010
招式8：夏季养猪四项实用技术 ... 012
招式9：秋季养猪"十二字"方针 ... 013
招式10：冬季养猪五大技术要领 ... 014

第五节 5招教你养牛 ... 015
招式11：如何建造牛舍 ... 015
招式12：如何养好肉牛 ... 017
招式13：奶牛如何养才赚钱 ... 018
招式14：如何发现和治疗肉牛的疾病 ... 020
招式15：奶牛常见病治疗与用药原则 ... 021

第六节 4招教你养羊 …… 022
- 招式16：如何建造羊舍 …… 023
- 招式17：养好绵羊七技巧 …… 024
- 招式18：五法教你养好山羊 …… 025
- 招式19：羊常见病预防和治疗 …… 026

第七节 6招教你养马驴 …… 028
- 招式20：怎样做到"马壮膘肥" …… 028
- 招式21：如何防止马采食过快 …… 029
- 招式22：怎样识辨马是否健康 …… 030
- 招式23：因地制宜建造驴舍 …… 030
- 招式24：养驴的四个关键技术 …… 031
- 招式25：驴常见病治疗 …… 032

第二章 20招教你生态养殖家禽 035

第一节 7招教你养鸡 …… 036
- 招式26：教你在发酵床上养鸡,让鸡快乐成长 …… 036
- 招式27：教你如何养好蛋鸡 …… 037
- 招式28：把握肉鸡养殖的几个关键环节 …… 039
- 招式29：如何饲养生态鸡 …… 040
- 招式30：四季养鸡妙法 …… 041
- 招式31：九种省料方法需记牢 …… 042
- 招式32：常见鸡病预防和治疗 …… 043

第二节 7招教你养鸭 …… 045
- 招式33：如何选择高产蛋鸭 …… 045
- 招式34：养好蛋鸭五大关键技术 …… 046
- 招式35：肉鸭养殖"四抓"法 …… 047
- 招式36：如何饲养雏鸭 …… 048
- 招式37：野鸭养殖三招 …… 049
- 招式38：四季养鸭要点 …… 050
- 招式39：土法治疗鸭病有奇效 …… 051

第三节 6招教你养鹅 …… 052

招式40:饲养蛋鹅五要点 ………………………………… 052
招式41:如何绿色养殖肉鹅 ……………………………… 054
招式42:三招提高雏鹅成活率 …………………………… 055
招式43:"六法"提高鹅的繁殖性能 ……………………… 055
招式44:母鹅全年产蛋有巧招 …………………………… 056
招式45:养鹅要防十种病 ………………………………… 057

第三章　20招教你水产养殖　　　　059

第一节　10招教你养鱼 ………………………………… 060
招式46:如何判断鱼类饥与饱 …………………………… 060
招式47:如何使鱼快速生长 ……………………………… 061
招式48:如何养鱼才赚钱 ………………………………… 062
招式49:春季养鱼七要点 ………………………………… 063
招式50:梅雨季节如何管好鱼塘 ………………………… 064
招式51:夏季高温养鱼四点需牢记 ……………………… 065
招式52:秋季养鱼四法 …………………………………… 066
招式53:冬季如何进行反季节养殖 ……………………… 066
招式54:如何应对池塘"转水" …………………………… 067
招式55:常备鱼药如何用 ………………………………… 068

第二节　5招教你养好虾 ………………………………… 069
招式56:龙虾养殖四法 …………………………………… 069
招式57:南美白对虾养殖方法 …………………………… 070
招式58:如何养好斑节对虾 ……………………………… 071
招式59:如何在稻田里养青虾 …………………………… 072
招式60:常见虾病防治有方 ……………………………… 073

第三节　5招教你养好蟹 ………………………………… 074
招式61:教你建造蟹种培育池 …………………………… 074
招式62:蟹苗的选购和饲养 ……………………………… 075
招式63:三种方式养成蟹 ………………………………… 075
招式64:如何促进河蟹蜕壳 ……………………………… 076
招式65:蟹病要早预防 …………………………………… 076

第四章　18招领你走上特种养殖致富路　079

第一节　7招教你养特畜 ……………………………… 080
招式66：如何养好肉兔 …………………………………… 080
招式67：如何做好家兔的四季繁殖 ……………………… 081
招式68：蓖麻巧治兔病 …………………………………… 082
招式69：如何饲养野生竹鼠 ……………………………… 082
招式70：香猪养殖六要点 ………………………………… 083
招式71：如何饲养野猪 …………………………………… 084
招式72：养鹿四要点 ……………………………………… 085

第二节　4招教你养特禽 ……………………………… 086
招式73：肉鸽喂养七要点 ………………………………… 086
招式74：饲养斑鸠好致富 ………………………………… 087
招式75：山鸡养殖技术 …………………………………… 088
招式76：如何养殖鸵鸟 …………………………………… 088

第三节　4招教你养特种水产 ………………………… 090
招式77：养黄鳝巧致富 …………………………………… 090
招式78：养蛇关键技术有哪些 …………………………… 091
招式79：金钱龟饲养技巧 ………………………………… 092
招式80：饲养水蛭四要点 ………………………………… 093

第四节　3招教你养特种昆虫 ………………………… 094
招式81：四季养蜂要点 …………………………………… 094
招式82：养殖蝴蝶增效益 ………………………………… 096
招式83：教你养殖黄粉虫 ………………………………… 097

第五章　8招教你应对疫病困扰　101

招式84：如何正确使用猪瘟疫苗 ………………………… 102
招式85：如何做好养殖场的消毒工作 …………………… 103
招式86：如何给禽类打针 ………………………………… 104
招式87：如何做好养鸡防疫 ……………………………… 105
招式88：科学判断水产动物发病 ………………………… 106

招式89:怎样做好牛场防疫 ………………………… 107
招式90:如何做好特养动物的防疫 ……………… 108
招式91:如何正确选择消毒剂 …………………… 108

第六章　8招教你提升饲养管理　　111

招式92:如何提升猪的饲养管理水平 …………… 112
招式93:如何养殖无公害肉牛 …………………… 113
招式94:羔羊如何育肥 …………………………… 114
招式95:如何做好鸭的饲养管理 ………………… 115
招式96:巧放牧提升鹅的饲养水平 ……………… 116
招式97:如何调控水温促进水产生长 …………… 116
招式98:蝇蛆饲喂提升养殖效果 ………………… 117
招式99:春季禽畜饲养管理要点 ………………… 118

第一章
25招教你建造开心农场
ershiwuzhaojiaonijianzaokaixinnongchang

第一节　教你2招让猪过上幸福的"低碳"生活
第二节　2招教你学会选购和饲养苗猪
第三节　2招教你养好母猪
第四节　教你4招四季科学养猪
第五节　5招教你养牛
第六节　4招教你养羊
第七节　6招教你养马驴

提起农村养殖,进出我们脑海的养殖种类,恐怕就是猪牛羊马驴了。这和人们的传统观念有关。"子欲速富,当畜五牸",这是春秋战国帮助越王勾践打败吴国的范蠡所说的话。大致意思是:你如果想很快致富,就应当养猪牛羊马驴这些母畜。说明畜养母猪、牛、羊、马和驴,已成为当时致富的"快捷方式"。在这五畜中,猪又首当其冲,成为农户养殖的首选。所谓"无猪不成家"、"农家不养猪,好比秀才不读书。"从古至今,从野猪的驯化到家猪的圈养,人们走过了几千年的养猪历程,养猪技术也在漫长的岁月中不断得到改进和提高。就拿上世纪六七十年代来说,是"一根绳,满地跑,土墙圈,粪水澡,冬天雪,夏天浇,喂头猪,一年高。"进入二十一世纪后,随着养猪技术的发展,猪的生活待遇也不断升级,可谓是"铁饭碗,钢丝床,小包间,保温墙,自来水,全价粮。"可见,随着时代的进步和养猪农户的增多,养猪行业已经从传统的养猪发展到现在的生态养猪,已经从传统的家庭式的散养转变到了现代化的规模化养殖。然而,养猪行业处处是学问,如果不懂管理和技术,不知如何预防疫情疾病,养猪极有可能亏本赔钱。因此,本章将以养猪为突破口,重点介绍一些基础实用的养殖技能,继而对牛、羊、马、驴的养殖做一一概括,帮助有志于养殖五畜的农民群众提高养殖技能,建造自己的开心农场,在养殖路上创收致富。

行家出招:1~25

养猪需要遵从"三个主义":一是消费者主义,即要让消费者满意,保证他们吃上优质味美的猪肉;二是环保主义,即要对排放的猪粪进行及时有效的处理,不能污染环境;三是动物保护主义,即让猪快乐地生活。正所谓"养猪无窍,窝干食饱",猪的生活环境对养猪能否成功至关重要,尤其是在各类疾病泛滥成灾的今天,给猪提供舒适的环境已经迫在眉睫。

第一节 教你 2 招让猪过上幸福的"低碳"生活

招式 1 利用发酵床技术,建造生态猪舍

当今社会,提倡节能减排,发展低碳经济的呼声越来越高,各行各业都在寻找低能耗、低污染、低排放的发展模式,为人类的生存和发展做出贡献。养

殖业自然也不能置之度外，养殖生产活动所产生的温室气体，已成为破坏人类生存环境和生态平衡的因素之一，因此，养殖业同样也要做到节能减排的低碳发展。

就拿养猪来说，猪圈给人的印象，总是臭气熏天，路过人无不"逃之夭夭"。但是，"发酵床"技术的诞生却改变了这种状况，不仅为猪创造了最适宜的生活环境，还节约能源，变废为宝，深得养猪人的青睐。这项技术提倡用锯末、秸秆、稻壳、米糠、树叶等农林业生产下脚料为材料，以微生态益生菌为菌种发酵成的材料来垫圈养猪。它与传统养猪最大的不同在于猪在垫料上生活，猪粪、猪尿可长期留存在猪舍内，垫料里特殊的有益微生物不仅能够有效抑制各种病原体的入侵，减少猪仔呼吸疾病的发生，而且可以迅速降解猪的粪尿排泄物，省却冲洗猪舍的劳顿，避免环境污染。猪出栏后，垫料清出圈舍就是优质的有机肥，可以重新返回田间使用，从而实现零排放、无污染的生态养猪。同时，这种发酵床所产生的热量足够维持猪舍温度保持在20摄氏度左右，猪舍冬季无须耗煤耗电加温，节省能源支出。此外，由于猪粪、猪尿被微生物分解转化为可被猪食用的无机物和菌蛋白质，而且锯屑中所含有的木质纤维与半纤维被降解转化成易发酵的糖类，猪通过翻拱食用，能够吸收蛋白质等营养，从而减少精饲料的供应。

在这项技术中，垫料的选择、发酵和管理至关重要。一般来说，要因地制宜地选择具有保水性和透气性，且含有一定微生物营养源的材料。拿南方地区来说，稻壳、稻糠、稻草、竹锯末、珍珠岩都是不错的垫料；北方地区则可以选择玉米秸秆、花生壳粉、玉米芯粉、草粉、珍珠岩等材料。选好了垫料，就要进行发酵处理。首先，要对发酵基进行预处理，可将HM垫料发酵基与麦麸、玉米面等物混合拌匀，目的是给微生物提供多种营养，加大HM垫料发酵基与发酵原料的接触面积。值得一提的是，在冬季发酵垫料时，要先将HM垫料发酵基放在30℃~40℃的温水中浸泡8~10小时，彻底激活HM垫料发酵基。紧接着，将选好的垫料和HM垫料发酵基按比例在猪舍发酵池内充分搅拌均匀，再加水进行搅拌，然后堆积发酵。注意不能堆积得太满，要在发酵池内预留一定的空间，便于对垫料进行搅拌和翻堆。堆好后用编织袋或长秸秆类物料进行覆盖，以减少水分的蒸发，然后将温度计插入物料大约30cm处。混合堆积发酵，将温度保持在55℃以上，5天后，进行翻堆，然后再将温度保持在55℃以上，再发酵5天，然后将堆高降低，使温度逐渐下降到环境温度。垫料经过上述无害化处理后，没有异臭味，说明垫料已发酵成功，即可按要求铺设垫料了。垫料的厚度有所讲究，一般猪舍中垫料的总厚度约为80cm~100cm，冬季垫料厚，夏季垫料可以相对薄一些。

铺设好了垫料，就可以让猪进入宽敞舒适的猪舍，享受幸福生活了。在此要提醒大家的是，一定要考虑单位面积猪的数量，确保发酵床高效运行。但凡养猪的人，都想在单位面积内多养猪，以减少土地使用成本。这当然是可以理解的。但如果单位面积内饲养的猪太多，就会使发酵床因为负荷过大，导致微生物大量死亡，从而造成死床。

有人说发酵床养殖就是"懒汉养猪"，其实不然，这种养殖方式虽然具有省工、省料、省水的特点，但并非一劳永逸，把猪放进去就完事，垫料的管理才是关键。管理得当了，就能给垫料中的有益菌创造良好的生活环境，使其能正常地生长繁殖，形成强势菌群，对猪产生好的影响。垫料管理的核心是垫料的湿度控制，垫料表面以下20厘米水分控制在50%~60%比较合适，以用手握不滴水，用指抓不成团，手心中有湿气，手掌却无水珠为宜。垫料表面20厘米以上湿度控制在45%左右，如果水分低于35%，就容易起粉尘，导致猪咳嗽和喘气；倘若高于45%，就会使表层分解加快，特别在夏天会造成表层的温度升高，影响猪在垫料上休息和活动。因此，当湿度低于35%时，应在垫料表层洒适量的水；如果垫料太湿，氨气味比较浓的话，应该加强通风或适量加入一些新的锯末、谷壳、秸秆等垫料，上下翻动一遍，并补充适量的HM垫料发酵基。此外，垫料的日常管理也是垫料运行良好的关键。为了环境适宜，发酵床要做到天天疏粪，及时补料，每周翻圈。翻圈不仅能使垫料变得疏松，增加其透气性，而且还能抑制细菌的繁殖和生长。在夏季高温炎热天气，可采取适当降低养殖密度，及时掩埋粪便加快降解，在床面加干垫料隔热等临时措施，控制发酵菌群的产热。待猪出栏后，要对垫料进行重新堆积发酵，利用发酵温度杀死有害菌，其效果类似于传统养猪的冲洗消毒。

了解了发酵床养猪技术，从事养猪的农民朋友不妨尝试将这项新技术运用到自家的猪舍里，健康清洁养猪，为猪提供舒适的生活环境，走高科技、无害化、节能源、省人力、增效益的养殖新路子。

招式 2　科学设计猪舍，自然节能养猪

介绍完了利用发酵床技术进行生态养猪之后，我们还是回归到自然养猪上来，为广大农民朋友提供一些自然养猪的科学借鉴。

猪舍，是猪群日常生活和进行活动的主要场所，因此自然养猪，对猪舍的设计和建造至关重要。规范的自然猪舍一般要求通风采光良好，因此在设计猪舍时，我们要尽最大可能利用自然资源，如阳光、空气、风向等免费自然元素；要尽可能少地使用水、电、煤等现代能源或物质。猪舍的布局应该根据地理条件、生产流程和管理要求进行确定和设计，选用单排式、双排式及多排式。单排式猪场即猪舍按一定的间距依次排成单列，这种布局方式比较简单，采光、通风、防潮好，适合于冬季不太冷的地区；双排式猪场即猪舍按一定的间距依次排成两列，这种布局方式布置集中，管理方便，利用率高，保温较好，但采光、防潮不如单列式，适用于冬季寒冷的北方地区；多排式猪场即采用三列式、四列式等多排式布局，这种形式比较复杂，造价高，通风降温较困难，适合大猪场采用。

在设计构建猪舍时，还要按猪群的性别、年龄、生产用途，分别进行构建。如公猪舍、母猪舍、保育猪舍、育肥猪舍等。公猪舍多采用建有运动场的单列式猪舍，既保证公猪进行充分的运动，防止过肥，又能增强体质，提高公猪的性欲和精液品质。母猪舍应遵循"造价低，使用方便，舍内地面平整，不会凹凸不平易积水、不打滑，猪舍冬暖夏凉，易于环境控制"的原则，构建妊娠猪舍和分娩猪舍。妊娠猪舍可采用群养模式，选用双列式或单列式结构，建筑跨度不要太大，以自然通风为主。分娩猪舍即"产房"，一般采用如下三种模式：一是母猪、仔猪均在产床上，粪尿流入发酵垫料池。垫料池仅起到分解粪尿的作用。二是母猪在产床上，仔猪可以在产床上活动，也可以到垫料池活动，增加了仔猪活动范围。三是无限位栏，有饲喂台，母仔均可自由活动。刚断奶的仔猪转入保育猪舍内饲养，面临着生活上的大转折，仔猪对环境的适应能力差，对疾病的抵抗力弱，容易感染疾病。因此，保育猪舍一定要为仔猪创造一个清洁干燥，温暖舒适的生长的环境，要求有专门的饲养台和垫料区。保育猪舍一般采用双列式结构，采用全金属制作，配备自动饮水器和自由采食箱等设备。

此外，在猪舍建设材质上我们要多采用以氧化镁锌、太阳板、空心砖为代

表的新一代保温建筑材料,减少水泥和钢材的使用量;在猪舍设计上,增加采光和屋顶无动力通风设施、保育箱、热风机取暖设备等,以此来减少能源消耗,降低生产成本、减少碳排放量,实现自然节能养猪。

第二节　2招教你学会选购和饲养苗猪

有经验的养殖户常常有这样的切身体会:养猪最大的问题不是饲料,而是苗猪的管理水平。这直接决定养猪的效益。因此,选购到优良的苗猪是成功养猪的基础。

招式3　如何科学选购苗猪

要想选购到品种优良、发育良好、健康快长的苗猪,首先要选对地方。因为选购地点直接关系到苗猪的健康状况和品种优劣。一般来说,集市上的猪品种杂,且容易携带传染源。因此,最好去较好的猪场购买苗猪,从源头上杜绝选购到不良苗猪。

其次,在选购苗猪的时候,要讲究"十看"。

一看眼睛。眼睫毛短,有眼亮的猪,绝大多数无病。

二看嘴形。嘴要短而团、大而齐,下颌要薄。上下颌相平且整齐的苗猪吃得多,不挑食,因此易养,长得快。

三看耳鼻。耳根厚硬,鼻孔和耳朵大而薄,双耳距离大的猪能吃会长。

四看躯干。肩背要宽,背部要平坦直长,腹形呈"黄爪肚",这样的苗猪呼吸和血液相对旺盛,生长迅速。

五看尾巴。"尾巴像根钉,一天长一斤"。尾巴根粗,尾色稍微泛红,尾皮薄,呈"丁字状"的苗猪长得快。

六看奶头。奶头明稀,不少于6对,当然如果是交叉均匀排列最好,而且能前稀后密。以7+6相对或7+8相对,8+9最为理想,这种苗猪先天性细胞分裂快。

七看四肢。四腿圆直、粗长、强健,尤其是大腿肌肉丰满,蹄甲圆厚的苗猪生长得较快。

八看皮毛。皮薄光亮毛稀的苗猪体质好,皮粗毛乱、苍白无光泽的苗猪,多为病猪。

九看体重。同一窝的苗猪在断奶后,体重越大的,育肥时增重速度越快,对疾病的抵抗能力强,即"抢重不抢轻",便于短期育肥。

十看精神。站立自然、走路时平稳、精神饱满的苗猪健康状况良好。如果把猪的后腿提起来,猪不会叫或者叫的声音并不大,说明性子不暴躁,对外界反应迟钝,能尽快适应新的环境。

招式4 如何饲喂新购苗猪

新购的苗猪往往因环境、饲料和饲喂方法等发生显著的变化而处于应激状态,会出现身体机能紊乱,轻者会在短期内停止生长,重者易诱发高热、便秘、下痢等疾病,甚至引起死亡。因此,养殖户要谨慎对待苗猪的饲喂。

第一步:充分做好进栏前的准备工作。要先将猪舍清洁干净,尤其是发生过疫病的猪舍,应该进行彻底的消毒。

第二步:购进苗猪的第一天,要先给苗猪喂0.1%的高锰酸钾溶液,也可以在饮水中加入抗生素,让苗猪喝足水,并保证猪舍内有充足的清洁饮水。饮水后让苗猪自由活动,熟悉环境。待其觅食时再喂适量的青绿多汁饲料或颗粒饲料。第二天以后逐渐添加一些精饲料,切勿喂得过饱,七八成饱即可,防止精料过多引起苗猪拉稀或水肿。

第三步:逐渐转入正常饲喂。待苗猪完全适应了新的饲养环境和新的饲养员以后就可以对其进行正常的饲喂。饲喂时可遵循一个原则,就是让猪自由采食。苗猪喜爱甜食,可以选择香甜、清脆、适口的食物,可以把带甜味的南瓜和胡萝卜等食物切成小块,或将炒熟的麦粒、玉米、黄豆等喷上糖水或糖精水,拌少许青饲料放在苗猪经常去的地方,任其自由采食。需要记住的是,为预防苗猪下痢,我们可在饲料中增添强力霉素,每日每头0.4g~0.8g;为增强苗猪的胃肠功能,可在饲料中添加适量的酵母粉或苏打片。苗猪具有"料少则抢,料多则厌"的特性,所以饲料要少给勤添,以促使苗猪多吃料而又不浪费饲料。

第四步:经过大约10天的饲喂和观察,如果发现苗猪的采食和饮水都正常,就可以给猪进行猪瘟、猪丹毒、猪肺疫等疫苗的防疫接种。再经过10~20

天的隔离观察后,若无疫病发生,经驱虫后就可与其他猪合群饲养,并逐渐转入正常的育肥阶段。

第三节 2招教你养好母猪

俗话说:"养猪要看娘,娘占一半强",母猪是整个猪场产能的源头,饲养好坏直接关系到养殖的经济效益,饲养和管理相当重要。

招式5 如何饲养妊娠母猪

母猪是整个猪场的珍贵资产,饲养母猪的目的是生产数量多、个体大、健康优良的仔猪。在母猪数量一定的条件下,母猪饲养管理尤其是妊娠母猪饲养管理的好坏直接影响仔猪的生产数量和质量,进而影响整个猪场的经济效益。因此,如何饲养好妊娠母猪很是关键。

良好的体况是母猪保持较高繁殖力的重要保证。当体质健康的母猪配种大约3~4周时,用拇指和食指捏压其第9胸椎至第2腰椎之间的腰背部,如脊背略微弓起者即受孕,脊背凹者即未孕。在诊断母猪怀孕后,就要加强饲养管理,控制好猪舍的清洁舒适环境,把胚胎损失减到最低限度。猪舍的温度应保持在16℃~22℃,相对湿度70%~80%。要饲喂优质食料,并把喂料量降低。此外,要保持圈舍的清洁卫生,减少感染机会。

母猪妊娠期平均114天,一般以1~84天为妊娠前期,85~114天为后期,因此,在饲养妊娠母猪时要遵循一个总的饲喂原则,即母猪妊娠前期尤其是第一个月应该吃好、睡好、少运动;一个月后应该尽量多运动,以增强妊娠母猪的体质,使其顺利分娩,减少死胎。妊娠后期要减少运动量,尤其是分娩前一周应停止活动,避免因剧烈运动引起流产或死胎。

在喂养饲料上,除了供足清洁用水,确保饲料质量外,还要根据妊娠期的变化有所侧重,可以参考下面的饲料配方。妊娠前期:地瓜秧糠28.4%,麸皮10.5%,玉米53.9%,豆饼5.6%,磷酸氢钙1%,食盐0.4%,微量元素添加剂0.2%,日喂量1.9千克左右。妊娠后期:玉米55%,地瓜秧糠21.5%,麸皮14.1%,豆饼7.7%,磷酸氢钙1.1%,食盐0.4%,微量元素添加剂0.2%,日喂量

3.0千克左右。需要注意的是,母猪分娩前3~5天要适当减少饲料喂量,增加麸皮喂量,这样能有效降低饲养成本,有利于提高母猪的繁殖性能。

分娩前的饲喂在整个母猪妊娠过程中至关重要。饲养好了,既可以保证母猪顺利分娩,避免难产,又可以保证母猪正常泌乳,防止产后发生乳房炎和无乳症,提高仔猪的成活率。因此,在分娩前3~7天就要注意观察母猪。一般来说,临产前的母猪会出现一些行为表现,比如刁草做窝,突然停止采食,紧张不安,时起时卧,性情急躁,频频排粪排尿等,这些都说明母猪即将产仔,饲养人员应加强护理,做好接生的准备工作。首先要将产房、产床彻底消毒冲洗干净,确保产房的清洁、干燥、舒适和空气清新。若是在冬季分娩,还应做好产房的保温措施,设置采暖设备如暖气、火炉、护仔灯、保温箱等;其次,在将母猪转入产房时,要对母猪进行清刷和消毒,干净待产。

招式6　如何饲养产后母猪

母猪成功分娩后,为了保持泌乳期的正常体况,减少产后疾病的发生,饲养人员应采取正确的饲喂策略。首先要合理提高采食量。母猪产仔后2~3天,要控制喂料量,少喂勤添,充分刺激母猪食欲。3天后,可以逐渐增加采食量,直到7天后实现自由采食。其次,要敞开供应符合卫生标准的清洁饮水,饮水不足或不洁都可能影响母猪的采食量及消化泌乳功能。

由于母猪在分娩过程中,整个机体发生剧烈变化,身体抵抗力减弱,很容易受到细菌和病毒的侵袭,可能会出现各种各样的症状。对此,我们要对症下药,进行积极护理和治疗。通常情况下,母猪会出现以下症状:第一、产后拒食。引起这一情况的原因很多,比如喂料过多、饲料的浓度过大,造成母猪厌食;比如母猪产后吃了胎衣,导致消化不良,不愿进食;比如母猪产后疲劳过度而引起食欲减少;比如产道损伤,被细菌感染而发生炎症不吃食等。饲养人员要密切观察,找准原因,对症治疗。对因产道发生感染而拒绝吃食的母猪,可用青霉素800万单位,链霉素400万单位,混合在20毫升安乃近中进行肌肉注射,每天两次,连注两天。因喂料过多、饲料浓度过大,造成厌食的母猪,要合理精料、粗料和青料,不宜饲喂得过肥或过瘦。为了增强母猪的食欲,改善拒食的状况,我们可以采用中药治疗:取银花40克、黄芩60克、厚朴40克、黄连50克、陈皮40克、地丁草100克、车前草80克、夏枯草80克、猪苦胆一个,加醋200毫升,煎沸后加入稀饭中一次喂给,每天一次,连喂三天。第二、产后出现无乳或少乳症状。母乳是新生及出生至20日龄前仔猪赖以生存的营养物质,也是新生仔猪获得母体抗体的惟一来源,如果母猪产后泌乳减少或不泌乳,将影响仔猪的成活与生长发育,造成经济损失,因此要谨慎对待这一症状。我们可以采用下面几种方法催乳。1、给母猪饲喂用酵母发酵的饲料或能够刺激泌乳的青饲料,如糖用甜菜的块根及叶子、生马铃薯、苦荬菜等。2、将母猪的胎衣洗干净后煮汤喂给母猪,具有增加泌乳量的效果。3、母猪泌乳初期,用小鱼小虾煮汤,拌入饲料中喂服。4、采取肌肉注射己烯雌酚10mg,每日2次;也可以采取催产素疗法,肌注或皮下注射催产素30~40国际单位,促使排乳。5、采用中药方:当归、王不留行、漏芦、通草各30克,水煮,拌麸皮喂服,每日一次,连用3天。第三、产后便秘。母猪产后出现便秘的因素很多,有生理因素、环境因素、饲喂因素和疫病因素等,相对来说比较难治疗。可以采用以下几种方法进行治疗:1、在饲料中添加2%~3%的糖蜜,有利于润肺、济肠和通便,且有提高母猪采食量的效果。2、多饲喂青绿饲料;3、增加饮水量并加人工补液盐;4、复合VB15毫升,青霉素240万单位,安痛定30毫升,分别肌注;5、日喂小苏打25克,分2~3次,饮水投服。第四、产后跛行。治疗方法有:1、有外伤时要抗菌消炎,安痛定10毫升,青霉素320万单位,VB110毫升,每日二次,肌注。2、中药治疗:当归、熟地各15克、续断、白芍、杜仲、补骨脂各10克,青皮、枳实各8克,红花5克,食欲不好者加入白术、砂仁、草豆蔻各8克,水煎或研末温开水调服。

第四节 教你4招四季科学养猪

一年四季气候不同,养殖户要根据季节的气候特点,做好"春防、夏凉、秋储、冬暖"工作,确保高效养猪。

招式7 四大环节助你春季养好猪

农谚道:"桃花开,猪病来""蒜薹上街,猪要发灾。"春季乍暖还寒,气候多变,是病菌滋生,猪群容易染病的时节。这个季节如何给猪提供良好的生长环境,养好猪呢?我们需要抓好四个关键环节。第一、保温和通风是头等大事。春季气候变化快,阴晴不定,饲养人员要根据具体情况抓好保温措施,确保猪舍的温暖、干燥和通风。首先要做到"春捂秋寒",塑料膜、草帘、火炉等保温设施不能取得过早,要随时挂好门帘,查堵猪舍漏洞,防止贼风入侵。遇见降温或阴雨大风天气,要迅速给猪舍升温和加垫草。其次,春季昼夜温差较大,要采取夜间巡圈制度,根据猪群的具体状况随时对猪舍温度进行调控。第二、彻底消毒,强化防疫。解决了保温和通风问题还不够,猪舍的消毒也很关键。随着气温的逐渐回升,各种病原体滋生活跃起来,而猪群在越冬期间身体抵抗力普遍下降,容易受到病原侵害,发生疫病。因此要对猪舍进行彻底消毒,防止病菌生长繁殖。可以先对圈舍进行清洗,然后用一定浓度的火碱溶液对圈舍地面、墙壁及周围环境喷洒和涂刷;对猪饲料槽、料盘、保温箱等用具彻底清洁后,再用来苏尔液消毒,用清水冲洗晒干后备用;对于猪体,可用过氧乙酸进行带猪喷雾。此外,要严格按照免疫程序要求,按时、按质做好猪的免疫注射工作。一旦发现疫情,要严格按规定封锁、消毒、强化预防注射。生产区严格控制车辆进入,严格禁止外人进入,对进入人员和车辆要严格消毒。第三、平衡营养,精心管理。应按猪的不同生长阶段,科学配制饲料,保证营养充足,特别是保证维生素的供给。可在饲料中加入胡萝卜等多汁饲料和啤酒糟、饼类饲料,以改善猪饲料的口感,提高猪的食欲,增强猪的体质,加强猪的抵抗力。也可以在饲料中适量添加中草药和生活调料,以扶正祛邪,既有利生长,还可防治疾病,如金银花、姜、葱、蒜、醋等。第四、预防疾病,确保健康。春季猪病常见的有腹泻、霉形体肺炎、流感、仔猪水肿病和口蹄疫病,要注意做好疾病的预防和治疗。

猪腹泻主要症状表现为腹泻,系多种病因引起。要正确加以鉴别,对症下药。1、传染性胃肠炎:由病毒引起。其特点是,病猪出现水样腹泻、呕吐和脱水,一旦有猪发病,会在猪群中迅速传染。治疗原则主要是补充体液,防止脱水和继发感染,常用安维糖静脉注射或补液盐内服,同时使用抗菌素防止继发感染。2、轮状病毒病:冬春容易发作,由猪轮状病毒引起。常发于2个月以内的仔猪。病状为仔猪厌食、呕吐、下痢,发病后应立即停止哺乳,内服葡萄糖盐水、复方葡萄糖溶液,有较好疗效。3、猪痢疾:由猪痢疾螺旋体引起的肠道传染病,传播速度慢,流行期漫长,发病率极高,会长期危害猪群。病猪排出的粪便里混有多量黏液及血液,呈胶冻状。本病药物治疗效果良好,但停药后易复发，较难根治。一般采用痢菌净、杆菌肽、黄连素、四环素等药物治疗，如果发现疗效不好时应尽快调换药物。

猪霉形体肺炎由猪霉形体引起。急性型表现精神不振，呼吸粗快，有哮喘音，死亡率高；慢性表现先由少量的干咳后变成连续性痉挛性咳嗽，病程长，影响生长。治疗时可用猪喘平、氢富马酸盐注射一个疗程，或在4.5kg水中放入1g枝原粉剂，调匀后给猪饮服1周。猪流感由流感病毒引起，病猪表现为初期发热，精神不振，食欲减退，呼吸困难、有咳嗽，后期易并发支气管炎及肺炎。无特效药治疗，可用抗生素和磺胺灵防继发感染。

仔猪水肿病主要是断奶后由于饲料改变及环境变化，由致病性大肠杆菌引起。春季多发，死亡率高达80%。表现为早期精神沉迷，眼睑、头、颈、肛门等部位水肿，有时有全身水肿、有压痕，有时有兴奋神经症状。后期肢麻，病程短。应以饲喂含硒和抗菌素的添加剂，科学调整饲料的用量，增加饲喂青饲料，并加强运动，配合利尿、腹泻、排毒、抗菌进行预防和治疗。

猪口蹄疫是由口蹄疫病毒引起，症状为体温升高，精神不振，在蹄冠、蹄踵、蹄叉、口腔边和乳房等处出现水泡。水泡破裂后形成红斑，干燥后成痂皮。仔猪死亡率高。本病以加强饲养管理预防为主，也可提前注射口蹄疫灭活菌。如出现本病应全群封杀，隔离封锁，彻底消毒。

招式8　夏季养猪四项实用技术

夏季气候炎热，高温多湿，这种天气对没有汗腺，皮下脂肪厚的猪来说，实属难熬。如何在炙热天气下创造良好的饲养环境，维持猪的生长和生产性能，确保猪不掉膘，实现养猪的经济效益就显得尤为关键。下面推荐四项夏季养猪的实用技术：

第一、加强通风，防暑降温，帮助猪体散热。在高温环境下，猪的血液流向皮肤，使得猪的体表温度很高，加强通风有助于散热。建议打开猪舍窗户，增加吊扇，并在猪舍屋顶做隔热处理，减少屋顶的辐射热。有条件的养殖户可装喷雾设备，在一天温度最高的时候为猪喷淋降温，没有条件的养殖户可用水管为猪喷水降温。注意喷淋时间应安排在饲喂前，喂后30分钟内不能喷水，更不能用水突然冲猪头部，以防猪休克。

第二、增加饮水，适当提高饲料的营养成分。水是各种营养物质最好的溶剂，猪体内废物的排除也是通过水来运转的，因此保证充足的饮水非常重要。饮水中最好加入适量的清热解暑、生津止渴的药物，以预防中暑。有条件的猪场应安装自动饮水器。此外，在高温条件下，猪的食欲和采食量明显降低，直接降低猪的生产性能，养殖户须将饲料的蛋白质和氨基酸水平提高1~2个百分点，适当提高维生素的添加水平，尽量减少饲料中难消化、产热多的粗饲料的比例，增加青绿饲料。

第三、调整饲喂方式。要尽可能让猪吃足够的饲料，不能听之任之，导致肥猪不长，母猪没奶，抗病力大降。建议采取以下饲喂方式：尽可能采用湿料喂猪，实践证明湿料喂猪，猪吃得快，体产热少，热应激轻，采食量多；在一天比较凉快的时间段喂猪，可选择早晨早一点喂猪，中午少喂，下午晚一些喂猪，夜间加喂一次；要精心饲喂猪，少给勤添，保持饲料的新鲜和适口性，食槽中不要有剩料，以防饲料发霉变质。

第四、加强防疫，保持猪舍的卫生和猪的健康：夏天细菌繁殖速度非常快，猪容易被疫病感染，因此要加强防疫。建议加强卫生和消毒工作，要经常清扫猪圈，保持舍内的清洁和干燥，防止舍内漏雨；夜间猪舍内可点燃蚊香或挂上用纱布包好的晶体敌百虫，以驱赶蚊蝇。另外，可定期给猪吃适量畜用土霉素，预防疫病发生。

招式9 秋季养猪"十二字"方针

秋季，气温适宜，饲料充足，是养猪的最佳时期。但是，如若管理不当，养猪的效益就会降低。养殖户要特别注意饲养管理，牢记以下"十二字"方针，确保生猪健壮生长。

第一、保温防寒。进入秋季，气候从炎炎酷热直接过渡到清凉舒爽，早晚温差开始增大，对猪的生长带来一定的影响。因此，应做好防寒保温工作。首先要保证猪舍干燥，要在猪舍内勤垫干草，避免垫草潮湿；其次要把猪舍漏风的部位堵严，防止冷风侵袭猪舍。有条件的养殖户可以在猪舍的避风处建造温室，温室大小由猪的数量决定。具体方法是：砌一米左右的墙，开设一个小门让猪自由进出，上部用稻草盖严，内铺干草。气候寒冷的时候，猪会自动进入保温室避寒；最后，要适当增加饲养密度，让猪挨着睡互相取暖。

第二、通风防病。秋季猪易患猪链球菌病、流行性腹泻、风湿等疾病，因此,要注意通风换气、杀菌消毒,预防疫病发生。若生猪患上猪链球菌病,出现高热、结膜潮红、流鼻涕、停食、腹泻等症状,应及早注射疫苗,使用强效阿莫西林、氧氟沙星、恩诺沙星等药物有效控制疾病,防止继发其他感染疾病。

第三、科学饲喂。秋季养猪时,要合理搭配精料、粗料和青料,保证饲料营养全面、适口性好,满足猪的生长需要。精饲料、粗饲料要加工粉碎,帮助猪消化吸收。调配饲料时,在青料里搭配40%的精料,也可将10%的糯米糠加入到饲料中;饲喂时,一般先喂精料,再喂青料,每天4次,每次以半小时内吃完为佳。此外不管是采用生料湿喂,还是把混合料与切碎的青饲料拌匀后让猪自由采食,调制饲料的水分不宜过多。

总之,以上"十二字"方针是秋季养猪的重中之重,养殖户需要牢记,以确保良好的经济效益。

招式10　冬季养猪五大技术要领

猪是恒温动物,严寒的气候对猪的生长发育很是不利。因此冬季在猪的饲养管理中,要注重对温度的调节,为猪创造舒适的生存环境,促进其生长育肥,安全越冬。

下面介绍五大技术要领。

第一、增加猪舍防寒保温措施。可用较厚的塑料膜将圈顶全部覆盖封严,覆盖要有30度左右斜面,以便于采光聚温,中午圈温过高可放气通风。同时,要将猪舍的风洞塞住,在门口挂上草帘,密封猪舍的窗口,在地上铺上垫草,以增强保暖效果。猪舍外围墙壁要厚实严密。对猪舍的外墙壁增加保温措施,堆放一些农作物秸秆,或砌一道泥土墙,也可以采用热风炉、煤炉、暖气等设备提供热源提高舍温。

第二、保持猪舍干燥清洁。猪舍的湿度越大,猪就越感觉寒冷,并极易引起猪的皮肤病、呼吸道疾病、传染病及寄生虫病。为防潮湿、防漏雨,要给猪舍勤垫、勤换松土和干草,培养猪定点排粪尿的习惯,保持猪伏卧处的洁净和干燥,给猪提供舒适的生活环境,以促进冬季育肥猪的生长发育和健康。

第三、增加日粮浓度和喂料次数。在寒冷的冬季,给猪群提供营养完善的日粮尤为重要。冬季冬天舍内温度相对较低,如按正常标准喂给能量饲料,就无法满足猪正常发育所需要的能量。因此,要在保持蛋白水平充足的情况下,适当增加玉米、稻谷等高能量的原料,在饲料中补给多种维生素、矿物质和微量元素。另外,在冬季,昼短夜长,猪群晚间空腹时间长,在夜间,增喂一顿夜食,以填补由于温度低造成猪体内脂肪、肌肉代谢产热造成的体重亏空。

第四、适当增大饲养密度。饲养密度增大时,每头猪所占有的面积会缩小,可以在躺卧时互相取暖。同时,猪饲养密度大时它们的身体散热量也加大,可以提高猪舍内的温度。但其密度并不是可以无限加大,若圈养密度过大,会直接导致舍内空气浑浊,造成猪只应激,致使猪只以强欺弱和相互咬斗现象增加,使整个群体大小不均,影响生产性能的发挥。圈养密度一般以每头猪占0.8~1.0平方米面积为宜。

第五、张弛有度防疫病。冬季气温低,空气干燥,猪易发生消化道、呼吸道及传染性疾病。为确保猪能健康生长,必须保持猪圈清洁、干净、卫生。消毒工作不能放松,由于保暖而处于一个相对密闭的环境中,容易造成微生物、病菌的大量繁殖,所以适时消毒显得很重要。应该定期或不定期地进行圈舍刷洗、消毒或喷药消毒。此外,还要对猪进行疫苗注射,并要备有常用药物,有病早隔离、早防治,使整个疫病防治工作做到张弛有度。

第五节 5招教你养牛

养牛虽说是劳动密集型产业,但劳动价值高,生长期短,出肉率高,综合效益好。下面给大家介绍几项养牛技术,以供养殖户参考学习。

招式11 如何建造牛舍

通常,家畜的生产力20%取决于品种,40%~50%取决于饲料,20%~30%取决于环境。不适宜的环境会使家畜的生产力下降10%~30%。牛,作为主要家畜,其生产效能的发挥自然也受环境的影响。舒适的环境,能让牛健康生长,最大限度发挥生产效能,使养殖户获得更多畜产品和较高的经济效益。因此,在引进牛种进行饲养之前,要将牛舍建造好,为牛创造适宜的生存环境。

建造牛舍应掌握以下原则:

第一、牛舍地址的选择。牛舍要建在地势高、干燥、向阳、空气流通、土地坚实、地下水位低、便于排水并且有斜坡的开阔平坦的地方；土质应是干燥、透水性强、保温良好的沙壤土地；牛舍应水源充足，水质良好，供电方便，交通便利。

第二、牛舍建造要符合生产工艺要求。牛的生产工艺包括牛群组成、周转、运送草料、饲喂、饮水、清粪等，也包括测量、称重、采精输精、防治、生产护理等技术措施。修建牛舍必须与这些生产工艺相结合。总体来说，牛舍建造分为生产区和生产辅助区。生产区主要包括牛舍、运动场、积粪场等，这是肉牛场的核心，应设在场区地势较低的位置，要保证最安全，最安静。每个牛舍之间要保持一定的距离，布局要整齐，方便科学管理。生产辅助区包括饲料库、饲料加工车间、青贮池、机械车辆库、采精授精室、液氮生产车间、干草棚等。这些区域离牛舍要近一些，便于车辆运送草料，减少劳动强度。

第三、牛舍建造要严格遵守卫生防疫要求。修建牛舍时要根据防疫要求合理进行场地规划和建筑物布局，将生活区和生产区分开。并设置病牛隔离舍，以便将发病牛或潜伏期的牛及时隔离观察，及时治疗；还要设置专门的堆粪场或粪便处理设施，减少病原微生物对牛舍的污染。

第四、牛舍结构要合理。通常情况下牛舍分为单列式和双列式两种。单列式牛舍造价较低，适于饲养10头左右牛，要求坚固耐用，冬暖夏凉。牛舍宽度一般为5米，长度按饲养头数决定。双列式牛舍造价稍高，但防寒保暖性好。牛舍一般宽12.2米，长度视养牛数量和地势而定。牛舍可盖一层，也可盖两层，上层可作贮存干草或垫草之用。饲槽可沿中间通道装置，草架则沿墙壁装置。牛舍的前面或后面，要有运动场，场内须设饮水池。

牛舍的基础设施建设也有讲究，牛床是牛吃料和休息的地方，其长度依牛体大小而异。一般的牛床设计是使牛前躯靠近饲槽后壁，后肢接近牛床边缘，粪便能直接落入粪沟内即可。牛床应以高出地面5厘米，保持平缓的坡度为宜，以利于冲刷和保持干燥。粪沟沟底要呈一定坡度，以便污水流淌。饲槽建成固定式、活动式的均可，水泥槽、铁槽、木槽均可用作牛的饲槽。饲槽长度要与牛床同宽，后面要设栏杆，用于拦牛。

第五、牛舍方向要呈南北向。牛吃饱了，喜欢卧在一个舒服的地方，一边晒太阳，一边反刍。晒太阳对牛来说不但是一件很享受的事，而且还有利于钙的吸收,强筋壮骨。所以,建牛舍要充分考虑到牛晒太阳的习惯。将牛舍建成南北方向的,可以确保不论上午还是下午,牛都能晒到阳光。

总之,规划和建造牛场需"以牛为本",根据不同地区的条件,因地制宜地为牛建造适宜的生活场所,达到高产高效的目的。

招式 12 如何养好肉牛

第一、选好优良品种是关键。当前,国内肉牛较好的品种首推西门塔尔、夏洛来、利木赞、南德温等改良杂交品种。改良后的第二代、第三代品种肉牛适应力强、耐粗饲、育肥容易、增重快速、屠宰率高,因此,引进这些牛种就是养牛的好开端。由于肉牛的增重快慢与其年龄有直接关系,建议引进1~2岁的改良品种肉牛为圈养育肥对象。

第二、防病驱虫,科学饲养。对刚购进的肉牛要进行仔细全面的检查,注射口蹄疫苗、布氏杆菌病疫苗、魏氏梭菌病疫苗等后方可入舍混养,并在进入舍饲育肥前进行1次全面驱虫。驱虫3天后,用人工盐或其他健胃药健胃。另外,刚入舍的牛容易产生应激现象,这是由于环境改变、在运输中受到惊吓而导致的。遇到这种情况,可在饮水中加入0.5%食盐和1%红糖,连饮1星期,多投喂青草饲料和少量麸皮,再渐渐过渡到饲喂催肥料。在催肥过程中,一定要专人饲养,注意观察牛群的采食、排泄、反刍及精神状况,如有异常情况,要及早采取措施。饲喂时间要确定,一般是早上5时、上午10时、下午5时,分3次上槽,夜间最好能补喂1次,每次上槽前先喂少量干草,然后再拌料,2小时后再饮水。喂料数量也要定好,不能忽多忽少,导致牛消化不良,长膘缓慢。

第三、合理选择、搭配饲料。首先要提供足够的粗料,满足瘤胃微生物的活动,然后根据不同类型或同一类型不同生理阶段牛的生产目的和经济效益配合日粮。日粮应该富有全价营养,种类多样化,适口性强,容易消化,搭配合理。可以选择酒糟和粉渣进行饲喂。这些纯粮食下脚料,价格便宜,和草料相差无几,营养价值却比草料高很多,又经过发酵,适合牛的口味,牛吃了以后长得快。此外,可在食槽中放入舔盐砖让肉牛自由舔食,这种盐砖中加入了钙、磷、碘等营养元素的饲料,能维持肉牛机体的电解质平衡,促进生长,防治佝偻病、营养性贫血等症。

第四、限制运动,增重育肥。实行一牛一桩,拴系喂养,减少牛的运动量,降低能量消耗,有利于增重育肥。拴系牛绳不宜太长,以防增大活动范围,互相碰撞。

第五、精心管理,适时出栏。给牛创造一个温暖、安静、舒适的环境,尤其是在育肥阶段,舒适的环境能增强育肥效果。首先要保持牛舍的通风换气,干燥清洁,严防潮湿。其次是要保持牛体的清洁,经常刷拭牛体,促进牛体血液循环,多多增膘。当牛经过两三个月的肥育,牛体重达500千克以上时,就要停止育肥,及时出栏。判断出栏时间的方法有二:一是发现牛采食量逐渐减少,经调饲后仍不能恢复;二是用手触及腰角或用手握住耳根有脂肪感时,表示肉牛的肌肉已经丰满,可以出栏。

招式13 奶牛如何养才赚钱

伴随着人们生活水平的日益提高和食品结构的逐步改善,我国奶产品的消费呈持续增长的势头。尽管受三鹿奶粉事件的影响,我国奶业市场曾出现了低迷,但随着国家一系列政策措施的出台和实施,我国仍具有巨大的鲜奶消费市场,饲养奶牛不失为农民致富的一条好门路。

那么,奶牛如何养才赚钱呢?养好奶牛又有哪些实用技术呢?下面略作归纳,以供养殖户学习借鉴。

第一、做好购牛工作,把住购牛关。为保证所购奶牛的质量,为日后的高效繁殖打好基础,养殖户要做好购牛工作,建议最好到大型规范化奶牛场购买牛只,这样的奶牛场牛群质量好,记录完善,有规范化的繁育体系。选奶牛时以荷斯坦奶牛(即黑白花奶牛)为宜,其体形特征为被毛黑白花状且黑白界限分明;头清秀而长,胸窄长而深,中后躯发达;血管在皮下显露明显,皮下脂肪少;头颈、鬐甲和后躯轮廓明显,从牛体的两侧、正前方和上方看其体形均呈三角形。同时,母牛的乳房发达,乳头大,乳静脉粗而弯曲多,乳井大,乳镜宽阔。

第二、要建立记录,做到心中有数。从建设奶牛场起,就要建立健全必要的记录,包括生产记录及育种记录,要对所饲养的奶牛编号,对奶牛来源、年龄、胎次、泌乳月、现在产奶量、发情与配种、是否妊娠、预产期及饲料消耗等进行详细的记载,做到心中有数。

第三、备足饲草，抓好繁殖。养好奶牛的关键环节是抓好繁殖。奶牛只有经配种、妊娠、产犊后才能产奶，其繁殖性能的好坏，不仅影响奶牛数量的增加和质量的提高，而且影响奶牛的生产性能和经济效益。要提高奶牛的繁殖率，需做到以下几点：1、合理搭配日粮，保持营养均衡。应坚持饲喂青绿饲草，适当补充精料，均衡喂养，切忌为了追求较高产奶量而大量饲喂精饲料，又无优质青干草的饲喂方式。要严格按照奶牛生长、产奶阶段的生理特征和需求进行喂饲，保证蛋白质充足，维生素补充平衡。2、做好发情鉴定，适时输精。由于个体差异和受气温变化影响，奶牛的发情表现和持续期有所不同，应该密切观察，尽可能提高发情检出率，在奶牛发情开始后12~18小时输精，提高受胎率。对于异常发情、产后50天不发情的奶牛，应请兽医进行系统检查，确诊患有子宫、卵巢等实质器官疾病，及时治疗，并作好病史记载，跟踪检查。3、适当运动，科学管理。适当的运动可促进奶牛生长发育，保持旺盛食欲和代谢机能，有利于产后生殖机能恢复；炎热夏季要做好防暑降温，保持牛舍干燥和运动场清洁；寒冷冬季做好防寒保暖，保持牛舍通风干燥。

第四、刷拭牛体，搞好消毒。奶牛新陈代谢旺盛，对外界环境反应敏感。当皮毛被牛粪、灰尘等粘附时，易招蚊蝇叮咬，奶牛不舒服，常表现不安，以舌舔、蹭墙、蹄踢等方式解痒，造成食欲降低、产奶下降。所以，应该每天用刷子和梳子刷拭牛体，增加皮肤的血液循环，创造良好的卫生环境，充分发挥其生产性能。除此之外，要注意卫生防疫，因为在恶劣的环境下，奶牛最易患乳房炎，会给养殖户造成较大经济损失，如果再传染上其他疾病，损失将更大，并可能威胁到人类健康。因此，每次挤奶前后必须对奶牛的乳房进行严格的清洗和消毒，对环境、场地和用品进行经常性的、程序化的消毒，同时注意饲料、饮水卫生，控制与外界人员及用品的接触，做好防病治病工作。

第五、及时修蹄，提高产奶量。受传统观念的影响，许多奶农认为奶牛产奶多少，蹄子无关紧要，因而往往忽视对奶牛蹄子的保养。殊不知，蹄部发生疾病会使奶牛产奶量下降，繁殖效率低下和饲料报酬降低，给奶牛业造成巨大损失。因此奶农应从犊牛开始坚持定期给牛修蹄，以提高奶牛的产奶量。还要经常保持牛舍及活动场所的清洁卫生，经常用清水清洗蹄部粪便，每周至少一次用2%甲醛稀释液或10%硫酸铜溶液喷洒药浴奶牛蹄部。在饲喂上，要给奶牛供应平衡口粮，尤其注意钙磷及微量元素的平衡，防止奶牛蹄部发生疾病。

招式 14　如何发现和治疗肉牛的疾病

健康的肉牛,眼睛炯炯有神,眼皮活泼,眼球转动自如,鼻镜湿润,披毛短而有光泽,皮肤有弹性,脚步稳健,动作灵活,躺卧时身体较长。而生病的牛,会出现以下症状:牛只要生病,首先就会影响到牛的食欲,因此,养殖户每天早上给料时注意看一下饲槽是否有剩料,对于早期发现疾病是十分重要的。其次,反刍可以反映牛的健康状况。健康牛每日反刍 8 小时左右,特别晚间反刍较多。病牛则反刍不正常,或停止反刍。一般情况下病牛只要开始反刍,就说明疾病有所好转。再次,当牛患传染病、胃肠炎及肺炎等疾病时,体温多数达 40℃以上。最后,牛呼出的气体有臭味也是牛患病的一个特征。

当发现牛患病时,要及时进行卫生管理,防止疾病恶化。如患了传染病,首先要把牛隔离开,并对周围环境进行消毒。非必要的人员不要接触病牛,以防止疾病的蔓延;对于中暑的牛,应立即牵到阴凉的地方,让其饮冷水或往牛体上浇洒水,使其降温;当牛患关节炎或腐蹄病,身体有伤时,要防止粪尿污染伤口,保持牛体干净,促进牛体痊愈。体弱的病牛,一般怕冷,要注意保温。牛舍的地面要保持清洁干燥,要垫上干燥的稻草,以阻止病原菌的滋生。

用药物治疗病牛,一般把药混入饲料和饮水中喂牛。不过,碰到饲料混药后牛不愿意吃或有些药不能与饲料混合的情况时,就要采取灌喂方法。养殖户可以用聚乙烯瓶子给药,先用手抓住牛鼻环,将牛头微微提高一些,从牛嘴侧边没牙的地方将瓶子塞入,把药慢慢灌进牛口深处,防止牛将药吐出来。但牛咳嗽时应停止灌药,待其平息后再灌。

下面介绍几种肉牛常见病及其治疗方法:

腐蹄病:1、用大蒜粉治疗。先把病牛蹄部的糜烂组织削去,用 3%的双氧水对患部进行清洗,然后将调成浆状的大蒜粉塞入腐烂处,每天两次,一般 5~7 天即可痊愈。2、用 10%硫酸铜溶液浴蹄 2~5 分钟,间隔 1 周再进行 1 次,效果极佳。

病毒性腹泻:本病由病毒引起,以腹泻、口腔及食道黏膜发炎、糜烂为主要症状。可采用以下方法进行治疗:1、用复方氯化钠、葡萄糖注射液加强心剂、维生素 C 及抗生素、辅酶 A 等辅助药进行全身治疗。2、大量饮用口服补液盐。

肺炎：当牛感冒、吸入灰尘或灌水灌药时误入气管易发生此病。若治疗不及时，会使肉牛迅速消瘦，甚至导致死亡，造成较大的经济损失。因此，当牛患此疾病时，要特别加强饲养管理，可给病牛盖上毯子保暖，使其安静。注射抗生素以及磺胺制剂、生理盐水及葡萄糖等，均有一定效果。

结核病：本病是结核杆菌通过呼吸道传染而发生的。病牛一般表现为日渐消瘦、精神委顿、咳嗽、披毛粗糙无光泽、食欲不振。除了每年春秋两季各进行一次结核检疫外，患病时常用抗结核药物有异烟肼、链霉素等进行治疗。但结核病的治疗时间长、费用大、传染性强，因此最好是早期屠宰，经高温无害处理利用。

招式 15　奶牛常见病治疗与用药原则

感冒：如果发现病情早、症状轻、奶牛体况较好，可用30%的安乃近或定痛安20~40毫升进行肌肉注射，每天注射2~3次，连用2天即可痊愈。为预防继发感染，在每次注射时可加入青霉素400万~600万国际单位，链霉素200万国际单位；如果发现迟、病情重、奶牛体质较差，可选用5%的葡萄糖氯化钠注射液500~1500毫升，青霉素800万~1200万国际单位，链霉素400万国际单位，维生素C2~4克，10%的安钠咖10~30毫升，静脉输液。输液的同时肌肉注射安乃近或定痛安20~40毫升。

偏瘫：通常由缺钙、缺磷所致。除了早期补钙预防外，要及早诊断，及早用葡萄糖酸钙注射液和氯化钙注射液进行治疗。治疗时以每100千克体重补钙2.2克为宜，相当于10%葡萄糖酸钙注射液244.4毫升，或5%氯化钙注射液161.2毫升。首次注射以大剂量为原则。注射后8小时~12小时仍无好转，可按原剂量重复注射，但一般最多不能超过3次。如果应用钙剂后，效果仍旧不明显，第二次注射治疗时缓慢注入15%的磷酸二氢钠注射液200毫升~300毫升、15%的硫酸镁注射液150毫升~200毫升，能促进痊愈。

乳房炎：1、接种乳房炎疫苗，在肩部皮下注射3次，每次5毫升。2、乳头药浴：在停乳后或临产前10天开始，每日1~2次，泌乳牛每天挤乳后进行1次。主要药浴药品为0.4%次氯酸钠、0.3%~0.5%洗必泰、0.2%过氧乙酸等。3、服药治疗：抗生素结合中药治疗，效果明显。内服云苔子，一次250~300克，隔日一剂,三剂为一疗程。也可内服几丁聚糖,日喂15克,每日2次,拌入精料中,饲喂6~8天。

子宫炎:注射20%葡萄糖酸钙溶液200毫升、20%葡萄糖溶液500毫升,每天1次,连注2~3天;产后还应肌注催产素100单位,以加快胎衣脱落,预防子宫炎。

奶牛生了病,找准了病因,对症下药的原则也很关键。主要有以下几个。

原则一:采用注射用药。如果患病不严重,严禁使用抗生素。因为奶牛属多室胃反刍动物,它的瘤胃没有消化腺体,不分泌消化液,食入瘤胃的草料主要靠瘤胃内的微生物帮助消化。土霉素等抗生素药物进入瘤胃后,不但抑制微生物的生长繁殖,还会破坏本身的微生物,引起消化机能障碍,人为地造成减食,反刍活动减弱,长期喂抗生素类药物还容易加重病情。

原则二:选准用药时间。一般在白天发作或白天转重的疾病,以及病在四肢、血脉的奶牛,均应在早上服药;若属于阴虚的疾病,如脾虚泄泻、阴虚盗汗、肺虚咳嗽,多在夜间发作或加重,均应在晚上给药;健脾理气药、涩肠止泻药,在饲喂前给药可提高疗效;治疗瘤胃疾病喂帮助消化的药物,如消化酶、稀盐酸等,在饲喂间给药效果最好;对一些刺激性强的药物,饲喂后给药可缓解对胃的刺激性;慢性疾病饲后服药,缓缓吸收,作用持久;奶牛患急病、重病及对服药时间无严格要求的一般病,可不拘时间,任何时间均可服药。

原则三:防止药物过敏。在给患病奶牛注射青霉素或链霉素等药物时,有的牛容易过敏,如果抢救不及时或不合理,会造成奶牛死亡。因此,用药后不可掉以轻心,应注意细心观察,并做好急救准备。奶牛过敏反应的主要症状是:全身战栗,呼吸困难,突然倒地,阵发抽搐,可视黏膜发绀,反应迟钝。解救可静脉注射10%葡萄糖酸钙注射液200毫升~500毫升或肌注扑尔敏注射液5毫升~10毫升。

第六节 4招教你养羊

养羊业作为一种古老的生产方式,被现代人越来越重视,原因不外乎以下几种：一是羊属于反刍草食性家畜，生长快，抗病力强，繁殖率高，养殖效益好。二是羊具有较强的合群性和适应性，便于放牧和圈养，其发达的瘤胃，能充分利用各种农作物秸秆、干草、树叶等粗饲料，转化为人们需要的羊肉、毛皮等，饲养成本相对较低。三是随着政府扶持力度的逐渐加大，养羊业正蓬勃发展。四是羊肉、羊奶营养价值高，符合现代人的健康要求，在市场上往往供不应求；羊皮和羊毛又是轻纺工业的原料，是出口创汇的重要产品。因此，投资养羊不失为广大农民朋友发财致富的一条好门路。

招式 16　如何建造羊舍

以往农户养羊大多采用桩拴系的露天饲养方式，羊群往往出现夏壮、秋肥、冬瘦、春乏的状况。若想增加养羊效益，就要建造布局结构合理的羊舍，给羊创造一个舒适的生活环境，促其快速生长与增重，减少疾病的发生。

羊喜爱清洁和干燥，厌恶潮湿和污秽的生存环境，因此，圈舍地址要有利于羊体健康、繁殖和高产，也要有利于饲养、积肥和保护林木及周围环境。养殖户可以将羊舍选在地势高燥、排水良好、向阳的地方，并注意不会对周围的环境造成污染，也不会被周围环境所污染。羊舍地面要高出地面20厘米以上。建筑材料应就地取材，以耐用为原则，达到坚固、保暖、通风的要求。羊舍的面积可根据饲养规模而定，但要遵循一个原则就是每间羊舍不能圈太多羊，否则不仅给管理带来难度，还会增加传染疾病的机会。此外，如果羊舍过小，容易造成羊拥挤，舍内潮湿、空气混浊，损害羊的健康；如果羊舍过大，造成浪费，不利于冬季保温。羊舍的高度视羊舍的面积而定，如果是封闭羊舍，高度要考虑阳光照射的面积。

羊舍分为密闭式、开敞式和半开敞式，冬季天气寒冷时，可以用塑料棚膜进行保温处理，形成单列式或者双列式的暖棚羊舍。密闭式指房屋式羊舍，这种羊舍四面均有墙壁与外界隔开，冬季可将门窗关闭保暖，夏季可将门窗打开乘凉。半开敞式指三面有墙，向运动场的一面为半截墙的羊舍。开敞式指三面有墙的羊舍，无墙的一面向着运动场敞开。这是一种比较适宜温暖地区采用的羊舍。

为方便羊群运动,保证其体质的健康,要建设运动场。运动场的面积可视羊只数量而定,但一定要大于羊舍,以保证羊只充分活动为原则。运动场周围要用墙围起来,周围可栽上树。

羊舍的地面对羊只的健康有很大的影响。羊舍地面有两种比较不错的选择。1、水泥地面。其优点是结实、不透水、便于清扫消毒;缺点是造价高,地面太硬,导热性强,保温性能差。2、漏缝地板。集约化饲养的羊舍可建造漏缝地板,漏缝地板下面修筑下水道,以便保持舍内清洁卫生。

羊舍的饲槽也很关键。可以用水泥砌成上宽下窄的槽,上宽约30厘米,深25厘米左右。水泥槽便于饮水,但冬季结冰时不好,不容易清洗和消毒。用木板做成的饲槽可以移动,克服了水泥槽的缺点,长度可视羊只的多少而定,以搬动、清洗和消毒方便的原则。

总之,羊舍要最大限度地满足羊的生存需求,包括温度、湿度、空气质量、光照、地面硬度及导热性等,并力求做到简易适用。

招式17 养好绵羊七技巧

传统的绵羊生产目的是毛肉兼用,饲养方式是全放牧。这种粗放饲养模式导致了绵羊体型矮小,生长缓慢,繁殖性能低下。如果想养好绵羊,收获良好的经济效益,就要科学合理,方法得当,粗细结合。下面提供七大养好绵羊的技巧,以供广大养殖户学习借鉴。

一、做好饲草和饲料的储存,保障优质饲草的供给。喂草喂料时,应准备简单的草架和饲槽,以提高饲料的利用率,减少饲草的浪费。饲喂胡萝卜、洋芋、甜菜等块茎块根多汁饲料,均要洗掉污泥等杂质,切碎后饲喂利用率。不论干草、青贮或多汁饲料,如有霉烂变质,均不可用来饲喂。

二、合理放牧,搞好圈舍卫生。绵羊很合群,训练好带头羊,则放牧会方便很多。俗话说得好,"早上放阴坡,下午放阳坡;春放一条线,夏放一大片;放慢走慢,吃饱吃好",放牧过程中要注意让羊走慢吃好,切忌急赶和鞭打。季节的更迭带来牧草的变化,因此,冬季枯草季节要注意补饲。圈舍要求冬暖夏凉,保持干燥,定期消毒。

三、加强种公羊的管理,注意羔羊的培育。种公羊在羊群中饲养数量少,但作用很大,对羊群的繁殖力和后代的生产性能有着直接影响。所以要精心饲养种公羊,保持种用体况,保证性欲旺盛,生产高品质精液。种公羊的饲养应看是否是配种季节,然后结合放牧和补饲,合理安排。公羊非配种期一般不予补饲,配种期除饲喂精料外,每天还应补喂一两枚鸡蛋。对母羊,为了实现多胎、多产、多活、都壮的目的,饲养管理要科学,根据空怀、妊娠、哺乳这三个不同时期给予合理的营养。饲料要求无霉烂变质,饮水要清洁。羔羊的管理要求做到出生后让其尽快吃上初乳,不能自然吃到初乳的要进行人工哺乳。同时做好防寒、防冻、防痢疾、防敌害工作。随着羔羊的逐渐长大,适时训练其采食,以锻炼其自由生活的能力。

四、适时喂盐和饮水。给绵羊喂盐和饮水非常关键,食盐可增加食欲,补充矿物质的不足。饮水要求清洁、卫生,切忌给予死水、冰水及受污染的饮水。

五、适时驱虫:绵羊的寄生虫主要有蛔虫、钩虫、结节虫、绦虫、肝片吸虫等,应于每年春秋两季各驱虫一次。驱除蛔虫、结节虫、钩虫可用驱虫净,羊每公斤体重用20毫克,一次内服;驱除绦虫、肝片吸虫可用硫双二氯酚,羊每公斤体重用0.8~1克,一次灌服。

六、剪毛:毛是绵羊的主产品,剪毛是绵羊生产的一项重要工作。剪毛的时间和次数要根据各地的自然条件和绵羊的品种类型而定。剪毛过早影响羊毛产量,羊只易患感冒甚至冻死;剪毛过晚,天气热,羊只不能安静吃草,影响抓膘。剪毛不能乱剪,要按照一定顺序剪,剪时剪口要紧贴皮肤,使羊毛一次剪下,毛茬要短,千万不能剪两刀毛,一定要剪成套毛,从而提高羊毛质量和羊毛商品价值。

七、修蹄:绵羊在放牧过程中游走的时间很多,所以蹄子保护十分重要。如发现羊蹄过长或歪于一侧,严重影响采食和行走的情况,就要及时修剪。一般来说,每年春秋两季各修剪一次,一次不要剪得过长,以免流血。

招式18 五法教你养好山羊

一、引进优良品种,进行杂交改良。广大的养羊农户应根据绵羊用途和实际情况,有计划地分步骤选择体型大、生长迅速、繁殖率高、适应性强、肉质好、效益高的优良品种,如波尔山羊、莎能山羊、黄淮山羊等。

二、改变传统饲养方式,变粗放饲养管理为精细饲养管理。首先,必须抓好季节放牧。春季天气寒冷多变,要让羊少跑多吃;夏季天气热、蚊蝇多,抓早晚两头尽量多放牧；秋季天气凉爽，是放牧的最佳时节，要尽量多放牧，让羊多吃草；冬季气候严寒，尽量少放牧，达到适量运动即可，要补充优质干草和精料。其次，充分利用农家自产的青精饲料进行补饲，尤其是羔羊、怀孕母羊和种公羊，仅靠放牧不能满足其营养需要，一定要补充一些精料和饲草，特别要注意蛋白质、矿物质和维生素等的供应。养殖户可购买山羊矿物质舔砖，将其挂在圈内供羊自由舔食。精料可选用玉米、豆饼等原料自行配制。此处推荐一饲料配方作参考：玉米55%、麦麸25%、米糠4%、菜籽饼8%和豆饼8%。再次，注意供给清洁饮水和改善环境卫生，每天清扫羊舍，清洗料槽、水槽，保证羊舍冬暖夏凉。

三、合理分群饲养。如果将种羊、妊娠母羊和羔羊混养，容易使羔羊营养欠缺，延长育肥期，进而增加饲养成本；种公羊乱交滥配，影响其利用率，甚至导致羊群的整体退化。因此，养殖户应当根据生产的目的、要求和年龄结构对羊群进行合理分群饲养，每个羊群不宜数量过多，一般以15~20只左右为宜。

四、定期免疫驱虫。疾病是养羊生产的一大威胁，应重点搞好疾病的预防。羊在饲养过程中，极易感染上体内、外寄生虫，造成羊生长缓慢，抵抗力低下，严重的还会死亡。因此，羊舍内外要经常打扫，并用漂白粉、百毒杀等定期消毒。春秋两季分别用灭虫丁、敌百虫等驱虫药对羊只进行驱虫。也可在每年春秋两季，选择晴暖天气给羊进行药浴，方法是用0.5%~2%的敌百虫加硫磺洗浴1~2分钟。

五、适宜体重出栏。依据日增重量、饲料利用率、屠宰率等生产性能指标和市场需求来综合判定肉用山羊的出栏体重。如果出栏体重过低，山羊的生长潜力没有得到充分发挥，产肉量也低；如果出栏体重过高，虽然产肉量增加，但饲料利用率下降。杂交羊生长的高峰期较本地羊延迟，其适宜出栏体重应比本地羊大。

招式19　羊常见病预防和治疗

在养羊过程中，由于饲养管理和防疫措施不到位，极易引发羊的疾病，造成一定的经济损失。下面将羊易患的几种疾病和防治方法介绍给大家。

一、传染性脓疱：俗称"羊口疮"，羊得了这种病后口唇部皮肤和黏膜出现丘疹、脓疱、溃疡和结成的疣状厚痂，肉芽组织增生，口唇肿大，影响采食，病羊往往因衰弱而亡。因此,要加强预防,可在每年3月或9月用口疮弱毒细胞冻干苗在羊只口腔黏膜内接种免疫。若羊发病,要用2%的火碱对羊舍及用具进行彻底消毒,并对病羊进行隔离治疗,用食醋或1%高锰酸钾溶液冲洗创面,再涂以碘甘油或抗生素软膏,每天两次,治愈为止。

二、败血性链球菌病:最急性型,病初很难被发现,病羊常于24小时内死亡。急性型,病初羊体温在41℃以上,精神委顿,食欲减退或废绝,反刍停止,眼结膜充血,流泪,随后出现浆液性分泌物,鼻流浆液性或脓性物,咽和颌下淋巴结肿胀,呼吸困难,粪便有时带有黏液或血液,病羊死前呻吟,抽搐,病程为2~3天。亚急性型病羊的体温升高,食欲减退,流鼻液,咳嗽,呼吸困难,喜卧,不愿走动,步态不稳。粪便稀软有黏液或血液,病程为7~14天。慢性型病羊低热,消瘦,食欲不振,步态僵硬,病程为30天左右。预防:加强饲养管理,做好防寒保温工作;给羊注射羊链球菌高免血清;用羊链球菌氢氧化铝灭活疫苗接种;治疗:用磺胺嘧啶粉拌料全群投喂,或用氨苄青霉素、青霉素、链霉素注射。

三、蓝舌病:此病因病羊舌呈蓝紫色而得名,库蠓是主要的传播媒介。病羊发热高达42℃,精神沉郁,食欲废绝,口腔黏膜充血糜烂,舌呈蓝紫色。在治疗上主要用0.1%~0.2%的高锰酸钾溶液对患部进行冲洗,溃疡面涂抹碘甘油或冰硼散,每天2~3次,并用磺胺类或抗生素类药物防止继发感染,同时做好病羊的防晒,保证营养均衡。

四、螨病:此病因疥螨和痒螨寄生在羊体表而发,具有高度传染性。一般初发时引起剧痒,病羊不断在墙壁、栏柱等处摩擦,患部脱毛、发红、肿胀,出现丘疹、水疱和结痂。预防:保持羊舍干燥卫生,用双甲脒乳油按1毫升对水25升的比例配成溶液,或用10%~20%的石灰乳或20%的草木灰水,喷洒圈舍消毒。治疗:剪除患部周围羊毛,彻底清洗并除去痂皮和污物,然后取百草霜加食盐炒后,再用桐油调和均匀涂搽患部,每天涂1~2次,连涂3~4天可治愈。或用杀螨灵按1毫升对水600~800毫升调匀后涂搽患部。

五、传染性眼炎:此病是一种急性传染病,以流泪、眼结膜和角膜炎症为特征。患羊应立即隔离,尽早治疗。早期可用抗生素眼药膏或水剂,结合皮质激素局部治疗。严重时,在局部用药的同时,用抗生素肌肉注射。

第七节 6招教你养马驴

马和驴繁殖快,生长快,经济价值高,农民养马驴是绝好的发家致富门路。尤其是养驴,更是具有广阔的市场前景。有句俗话说得好:"天上龙肉,地下驴肉"。驴肉属典型的高蛋白、低脂肪肉食品,以其味道鲜美、香而不腻、补血益气赢得了城乡消费者的盛赞。

现在就将饲养马和驴的相关技术分别介绍给大家。

招式20 怎样做到"马壮膘肥"

俗话说:"百病从口入"。做好科学规范的饲养管理,把好消化系统疾病源头关,是马膘肥体壮的根本。

首先,在饲喂马的草料选择上,草料可以是清洁的、不带泥土的草,或者是豆科干草、牧草、半干青贮料或草饼及制成颗粒的草。多叶细茎、青绿无尘土的牧草,能够为成年马提供全部能量需要。豆科干草和苜蓿可以满足几乎所有各种等级的马对蛋白质的需要。玉米秸秆是一种营养价值较丰富的粗饲料,可消化的蛋白质、钙、磷含量均高于谷草、稻草及稗草等。它的特点是质地松软、易消化、适口性好,常年饲喂玉米秸可降低养马成本。同时,玉米秸"过腹还田"比"秸秆还田"要科学得多。

其次,马的饲喂时间也要固定。马是单胃动物,胃容积小,胃里储存的草料有限,一般吃下的草料不到4小时就会消化。因此马易饱易饿,故在饲喂中应尽量少喂多餐,还要坚持夜间饲喂,满足它们的营养需要,"马无夜草不肥"就是这个道理。

再次,饮水科学。运动后的马,会出很多汗,让其立即饮用大量冷水是不明智的,应先让马饮几口水,然后在十分钟内让其饮足水。马匹剧烈运动后,应该饮温水。

最后,要定期清理饲槽,以免饲料残渣结块污染饲槽,将饲槽和水槽分开,减少水槽中谷类饲料污染,避免食饮混合的坏习惯。

除了做到以上几点,还要在日常饲养管理中密切注意马的全身状况,及时进行牙齿护理,定期驱虫,做好日常锻炼。要仔细观察粪便的数量、颜色、气味和硬度,及时预防和治疗疾病,让马健康成长。

招式21　如何防止马采食过快

有些马食速很快,食量很大,食欲旺盛,到喂料时间或看到饲养员就非常兴奋。对饲料、饲草大口的采食,稍加咀嚼就囫囵吞下,影响饲料在口中的充分研磨,长此以往引发许多消化道疾病,如食道梗塞、肠炎、肠梗塞等,严重影响马匹健康。

食速过快的形成原因与饲养管理方式有关,分析原因主要有以下二点:

一、没有养成喂料定时的习惯,有上顿没下顿,或长时间不喂料后突然给料。造成马匹因饥饿,采食过急,狼吞虎咽。

二、料槽数量少,造成马匹争抢饲料。偶尔的采食过急若不能及时的进行人为干预,会很快养成习惯,并很难纠正。

下面介绍几种小窍门来应对马食速过快的现象。原则是在安全的前提下尽量给马匹采食饲料增加难度,从而减缓进食速度:

1、将饲草斩成3~5厘米的小段,打湿后混入饲料中。通过增加粗纤维来避免大量精料短时间内进入消化道而形成结块,梗塞消化道。

2、在料槽内放一块有孔隙的铁网,每次向料槽内加料后将铁网盖在料上。马匹用嘴将铁网向下推动时,一部分饲料会透过铁网的孔隙被马匹采食。由于马匹嘴唇向下推挤与采食的动作很难同时进行,便有效的降低了采食的速度。需要注意的是铁网的表面及四周必须光滑,以免划伤马嘴。

3、在马匹料槽内放置椭圆石块,大小以马不会误食且能用嘴拱开为宜。饲料会落入石块之间的缝隙中,马匹想要吃到饲料,就要先将石块向四周拱开,从而降低采食速度。

除了采取以上的方法外,可以通过改进饲养管理方法预防马匹食速过快的现象。喂料的马匹要严格遵守饲喂原则,即在每天相同的时间喂给质量相同、数量相同的饲料,从而训练马匹养成良好的进食反射。对长时间不喂料的马匹,要由少至多,逐渐增加饲料供给量。在一段时间内使马匹从采食习惯到消化系统功能逐渐适应饲料。

招式22　怎样识辨马是否健康

健康的马眼睛清晰而明亮,耳朵灵敏,皮毛柔软而光滑,皮肤健康,马颈和肋骨部位的肌肉能灵活摆动。马咀嚼容易,胃口好,粪便完整容易排出,呈黄褐色至黑绿色。小便差不多无颜色或微带浅黄色,马腿和马蹄清凉无肿涨。此外,当马站立平稳休息时,后腿交替着用来支持身体;当马走动时,动作稳健,大步摆动时有均匀的节奏和旋律。

生病的马耳朵向后,眼睛模糊且没有精神,颈低下。通常会发烧,脉膊和呼吸加快。鼻孔周围有磨损,毛皮粗糙而无光泽。粪便如果硬而细小,就是便秘的表现;若稀散,就是腹泻的表现;小便可能与平时颜色不同。如果马匹前腿不停的搔爪,流汗和不能安定的话,这便是腹绞痛的现象。如果马匹的鼻孔有液体流出,就可能是呼吸系统有问题。

招式23　因地制宜建造驴舍

一般来说,驴舍主要有半开放驴舍、塑料暖棚驴舍、封闭式驴舍三种类型。

半开放驴舍:半开放驴舍有三面墙,向阳一面敞开,敞开一侧设有围栏,水槽、料槽设在栏内。有部分顶棚,每舍15~20头为宜。这类驴舍造价低,节省劳动力,但冷冬防寒效果不佳。

塑料暖棚驴舍:与一般半开放驴舍相比,塑料暖棚驴舍保温效果好。这类驴舍三面全墙,向阳一面有半截墙,有二分之一或三分之一的顶棚。向阳的一面在温暖季节露天开放,寒季在露天一面有竹片、钢筋等材料做支架,上覆单层或双层塑料,两层膜间留有间隙,使驴舍呈封闭的状态,借助太阳能和驴体自身散发热能,使驴舍温度升高,防止热量散失。

封闭驴舍:封闭驴舍四面有墙、窗户和全部顶棚。可分为单列封闭舍和双列封闭舍。单列封闭驴舍只有一排驴床,舍宽6米,高2.6~2.8米,舍顶可修成平顶也可修成脊形顶,这种驴舍跨度小,易建造,通风好,但散热面积相对较大。单列封闭驴舍适用于小型驴场。双列封闭驴舍舍内设有两排驴床,两排驴床多采取头对头式饲养。中央为通道。舍宽12米,高2.7~2.9米,脊形棚顶。双列式封闭驴舍适用于规模较大的驴场,以每栋舍饲养100头驴为宜。

不同驴舍各有利弊,养殖户应根据养驴规模、自身条件选择适宜的类型进行修建,为驴提供一个良好的生活环境。

建好了驴舍,其内部设施也不容忽视:

驴床:驴床是驴吃料和休息的地方,驴床的长度依驴体大小而异。一般的驴床设计是使驴前躯靠近料槽后壁,后肢接近驴床边缘,粪便能直接落入粪沟内即可。驴床应高出地面5厘米,保持平缓的坡度为宜,以利于冲刷和保持干燥。驴床最好以三合土为地面,即保温又护蹄。

饲槽:饲槽建成固定式的、活动式的均可。水泥槽、铁槽、木槽均可用作驴的饲槽。饲槽长度与驴床宽相同,在饲槽后设栏杆,用于拦驴。

粪沟:驴床与通道间设有排粪沟,沟宽35~40厘米,深10~15厘米,沟底呈一定坡度,以便污水流淌。

清粪通道:清粪通道也是驴进出的通道,多修成水泥路面,路面应有一定坡度,并刻上线条防滑。

饲料通道:在饲槽前设置饲料通道,以高出地面10厘米为宜。驴舍的门:驴舍通常在舍两端,即正对中央饲料通道设两个侧门,较长驴舍在纵墙背风向阳侧也设门,以便于人、驴出入。

运动场:运动场多设在两舍间的空余地带,四周栅栏围起,将驴拴系或散放其内。地面以三合土为宜,在运动场内设置补饲槽和水槽。补饲槽和水槽应设置在运动场一侧,其数量要充足,布局要合理,以免驴争食、争饮、顶撞。

招式24 养驴的四个关键技术

一、选好驴种。农户养驴在品种选择上应该把握三个原则:首先,体型要大,这样的驴长肉快且多,屠宰利用率高;其次,体格要健壮,蹄小而坚实,抗病力强,遗传性好;再次,生长发育要快,能促进育肥进程,提高饲养效益。

二、合理搭配,科学饲喂。根据驴的消化生理特点和民间的养驴经验,饲喂驴应掌握以下的原则和方法。

1、分槽定位。应依驴的用途、性别、老幼、体重、个性、采食快慢分槽定位,以免争食。哺乳母驴的槽位要适当宽些,以便于驴驹吃奶和休息。

2、饲料要多样化,做到营养全面而均衡。要根据驴的营养需要,将不同种类和数量的饲料,依所含营养成分加以合理搭配,配成一昼夜所需的各种精粗饲料的日粮。只有配合出合理的日粮,才能做到科学饲养,提高经济效益。搭配驴的日粮时,要注意因地制宜,充分利用本地饲料资源,降低成本;要注意饲料加工调制,增强适口性,提高食欲。

3、饲喂定时定量。每次饲喂的时间和数量都要固定,培养驴正常的条件反射。要加强夜饲,前半夜以草为主,后半夜加喂精料。

4、饮水要适时,慢饮而充足。饮水对驴的生理起着重要作用,应做到自由饮水,渴了就饮。驴的饮水要清洁、新鲜。

三、做好日常管理。

1、驴舍的通风、保暖和卫生状况对驴的生长发育和健康影响很大。因此,要保持厩舍干燥,通风良好,要及时打扫卫生,更换褥草。要每隔10~15天用3%的来苏儿对驴舍进行消毒,以防疾病发生。

2、常言道:"三刷两扫,好比一饱","刷刷刨刨,强似吃料"。要经常刷拭驴体,清除皮垢、灰尘和外寄生虫,促进皮肤的血液循环,增进健康,增强人驴亲和。刷拭应按由前往后,由上到下的顺序进行。

3、正确护理驴蹄,保持蹄的清洁,及时发现蹄病。常见的蹄病有白线裂和蹄叉腐烂,治疗这两种蹄病时,都是先除去蹄底腐烂杂物,削去腐烂部分。如果是白线裂,可以填上烟丝;如果是蹄叉腐烂,可涂以碘配合填塞松节油布条。然后给蹄子钉上一块和蹄一样大小的铁片,避免泥土脏物进入,很快即可痊愈。

4、保持运动,增强驴的体质。适当的运动可提高种公驴的精液品质,也可使母驴顺产和避免产前不吃、妊娠浮肿等。运动的量以驴体微微出汗为宜。

四、适时屠宰。当驴达到育肥标准时,就要及时进行宰杀,获取最高屠宰率。过了催肥期,肉驴增长缓慢,饲料报酬下降,料肉比降低。驴屠宰前一天要光饮水不给料,让驴处于绝食状态,这样不但可以提高驴的肉质,而且还可以节省饲料和屠宰时间。

招式25 驴常见病治疗

气候、季节、草质、饲喂方式都能导致驴生病,因此,一定要按照饲养管理的原则和不同生理状况进行饲养,科学喂食,仔细观察,做到"无病先防,有病早治,心中有数"。下面介绍四种驴的常见病。

口炎:又名口疮,是驴口腔黏膜表层或深层组织的炎症,包括舌炎、腭炎和齿龈炎。患上此病的驴采食小心,拒食粗硬饲料,咀嚼缓慢,吐草团。唾液分泌增加,口腔湿润,唇边附有白色泡沫或黏涎。检查时,可见口腔黏膜潮红、肿胀,口温增高,舌面被覆多量舌苔,有甘臭或腐败臭味,有的唇、颊、硬腭及舌等处有损伤或烂斑。

口炎的治疗,首先应除去致病因素,如拔除刺在口腔黏膜上的异物,对锐齿进行修整等。在护理上,喂给毛驴柔软易消化的饲料,如青草、青干草、小米粥等,经常饮清水,喂饲后最好用清水冲洗口腔。药物疗法一般可用1%食盐水,或2%~3%硼酸液,或2%~3%碳酸氢钠液洗涤口腔,一日2~3次;口腔恶臭时,可用0.1%高锰酸钾液洗口;分泌物过多时,可用1%明矾液或鞣酸液洗口。如果口腔黏膜或舌面发生烂斑或溃疡时,在口腔洗涤后,还要用碘甘油(5%碘酊1毫升,甘油9毫升),每日1~2次。对驴严重口炎,口衔磺胺明矾合剂(长效磺胺粉10克,明矾3克,装入布袋内),每日更换1次,效果良好。中药青黛散:青黛、黄连、黄柏、薄荷、桔梗、儿茶各等分,共为细末,装入布袋内,热水浸湿后,口内含之。驴吃草时取下,吃完再戴上,饮水时不必取下,通常每天换一次。亦可用硼砂9克、青黛12克、冰片3克,共研细面,涂抹口舌。

腹泻:主要症状为拉稀,粪稀如浆。初期粪便黏稠色白,以后呈水样,并混有泡沫及未消化的食物。驴精神不振、经常坐卧,食欲不振。对于轻症的腹泻,主要是调整肠胃机能。重症应着重于抗菌消炎和补液解毒。前者可选用胃蛋白酶、乳酶生、酵母、稀盐酸、0.1%高锰酸钾和木炭末等内服。后者重症可选用磺胺眯或长效磺胺,每千克体重0.1~0.3克;黄连素每千克体重0.2克;痢特灵每千克体重5~10毫克。要搞好厩舍卫生,及时消毒。

驴鼻疽:此病由鼻疽杆菌引起,具有传染性。急性多导致驴死亡,慢性病程长,少则数月,多则数年,目前尚无有效疫苗和彻底治愈的疗法。即使用土霉素疗法(土霉素2~3克溶于15~30毫升5%氯化镁溶液中,充分溶解,分三处肌内注射,隔日1次)也仅是临床治愈,驴仍是带菌者,因此,养驴要特别注意饲养管理,控制传播途径;要固定用具,不喂污染草料;病驴要及时淘汰,污染的环境要彻底消毒。

驴传染性胸膜肺炎:这是一种急性传染病,病驴精神沉郁,脉搏跳动和呼吸加快,结膜红肿并轻度感染,胸前、腹下及四肢下部出现不同程度的浮肿治疗时用新胂凡纳明静脉注射,按每千克体重用0.010克~0.015克计算。注射前半小时最好先注射强心剂。如病驴未见好转,可隔3天~6天再注射一次,共注2~3次。为了预防细菌感染,常配合应用抗生素或磺胺类药。在注射新胂凡纳明的同时,连续选用青霉素、链霉素、盐酸土霉素、卡那霉素等,或10%磺胺嘧啶钠液100毫升~150毫升,静脉注射,一天2~3次。中药可选用清肺止咳散,处方:当归22克、知母25克、贝母25克、冬花31克、桑皮25克、瓜蒌31克、桔梗22克、黄芩25克、木通25克、甘草19克,研为末,开水冲,等到药温时灌服。

温馨提示

水对患病的牲畜来说,不是汤药却胜似汤药。

一、冷浴治疗高烧、中暑病畜。夏季高温天气,若牲畜发高烧,可将病畜放入河中或水泡子里进行冷浴、冷洗,有利于畜体热量的散失,降低体温,每日可浴两次,每次一至两个小时。若牲畜中暑,可用冷水擦浴或用冷湿毛巾被覆盖于体表,反复浇冷水,达到降温功效。

二、热泡治疗冻疮和伤风感冒。牲畜发生冻疮后要迅速复温,进行热水泡。方法是把冻伤部位浸泡在热水中,促进血液循环,使病畜增加外热,消退水肿。牲畜伤风感冒后,在灌药困难的情况下,可用热水泡蹄部治疗。方法是把蹄子分别放于热水中浸泡,一直泡到畜体稍有出汗为止,加些盐醋效果更好。

第二章
20招教你生态养殖家禽
ershizhaojiaonishengtaiyangzhijiaqin

第一节　7招教你养鸡
第二节　7招教你养鸭
第三节　6招教你养鹅

肉蛋奶是中国人营养的传统"金三角",除猪牛羊等牲畜外,家禽养殖业所提供的肉蛋产品在我国居民消费结构中占有举足轻重的地位。因为有市场,家禽养殖已经发展为我国畜牧业的支柱产业,正由分散饲养向标准化、专业化、生态化发展,成为农民增收的重要来源。然而,市场与风险往往也同时并存,近些年来,家禽行业受禽流感等疫病以及其他因素的影响,曾严重受挫,陷入困境,在国家政策的大力扶持和积极引导下,家禽养殖业逐渐走出了"多事之秋",迎来了持续稳定发展的良好势头,家禽养殖户在满足城乡居民对动物蛋白类产品需求的同时,也尝到了家禽养殖所带来的利润和甜头。

本章将对鸡鸭鹅的养殖技术做一个概括,有针对性地向广大农民朋友介绍一些饲养家禽的技巧和注意事项,以供各位借鉴学习。

行家出招:26-45

第一节 7招教你养鸡

招式26 教你在发酵床上养鸡,让鸡快乐成长

在本书第一章中,我们提及发酵床养猪的技术,这项技术因为环保、生态、省时、省工、省料、肉质好等显著特点受到广大养猪用户青睐,普及面很广。那么,这么好的技术是否也适合用来养鸡呢?答案是肯定的,而且利用发酵床技术养鸡,除臭、卫生、节水、省料的效果明显优于普通饲养方法。

发酵床养鸡是一种环保生态型养鸡模式,它利用微生物作为物质能量循环和转换的"中枢"性作用,采用高科技手段采集特定有益微生物,通过筛选、培养、检验、提纯、复壮与扩繁等工艺流程,形成具备强大活力的功能微生物菌种,再按一定的比例将其与锯末或木屑、辅助材料、活性剂、食盐等混合发酵制成有机复合垫料,自动满足鸡对鸡舍内保温、通气和微量元素的生理性需求。有了这种发酵床鸡舍,鸡从小就生活在有机垫料上,其排泄物被微生物迅速降解、消化或转化;而鸡的粪便所提供的营养使有益功能菌不断繁殖,形成高蛋白的菌丝,再被鸡食入后,不但利于消化和提高免疫力,还能使饲料转化率提高,投入产出比与料肉比降低;用发酵床技术养鸡,还能大大减轻养殖带来的环境污染,由于有机垫料里含有相当活性的多效活性液,能够迅速有

效地降解、消化鸡的排泄物,不再需要对鸡粪采用清扫处理,从而没有任何废弃物排出养鸡场,真正达到养鸡零排放的目的。多效活性液还有除臭功效,能减少鸡舍的氨气量,使鸡舍不会臭气冲天和苍蝇滋生,从而有效防止寄生虫的传染,减少鸡的发病率。如此生态养鸡,鸡肉和蛋的品质自然有保障,生产出的无公害肉蛋产品肯定会大有市场,受到老百姓的欢迎。

下面,就教你如何建造发酵床鸡舍。

首先,选择背风、向阳、地势高干燥、平坦的地方建造鸡舍。建造时可就地取材,做到白天能避雨遮荫,晚上能保温。要在鸡舍内搭建栖息架,让鸡晚上在架上栖息。栖架可提高鸡舍的容量并充分利用空间,避免鸡群应激后打堆,让鸡群生活在安适的环境下可减少疾病的发生。在鸡舍外围应留有喂料场,大小视具体情况而定,为晚上补饲用。

其次,着手制作发酵床。发酵床的垫料不必像养猪发酵床那么复杂,部分锯末垫料可以用适当的秸秆代替,先将稻草或秸秆切成10到15公分长,再按稻草总量的5%,撒上没有污染过的土和0.3%的粗盐,粗盐中含有丰富的矿物质,有利于微生物的繁殖和稻草的分解。然后,按每平方米0.5斤的标准将配种好的菌种洒上去。发酵床的厚度可以适当薄一些,一般40~50厘米的厚度就可以,因为鸡的体积较小,不容易压实,但是鸡有扒土的习惯,也不能过薄,防止发酵床被鸡扒开。当发酵床做好后,先不要着急将鸡放上去,要先进行前期发酵,一个星期以后才可以放入鸡。鸡的饲养密度不能过大,因为鸡只过多会导致积粪增多,从而影响微生物菌的分解。此外,喂养过程中,要注意通风换气,正常防疫,必要时要适当喷施些水分,促进发酵正常进行,保证发酵床的功效得以发挥。

招式27 教你如何养好蛋鸡

第一、选用好的品种。我们养鸡,鸡苗应该是饲养的基础。要选择那些产蛋率高、蛋重大、蛋破损率低、抗应激好、羽色自别雌雄的品种,要选择体格健壮均匀,不带任何病原菌的鸡,否则,如果选来的鸡感染了由种鸡带来的白痢、支原体等病菌,即使不发病增重也慢,产蛋率低。

第二、养殖设施健全合适。目前养鸡的设施可以说是多种多样,养殖户要根据自己的实际情况,同时参考高水平养殖设施,对养殖设施进行不断地优化、改进和更新。因为如果没有合适的养殖设施,即使人力投入再多,也不会产生好的效益。这就要求养殖户科学设计鸡舍,做好鸡舍的通风和采光,完善养鸡设施,为鸡提供一个舒适干净的生长环境。

第三、选好育雏季节,确保成活率高。蛋鸡育雏季节的选择,直接影响着育雏能否成功。一般来说,选择育雏季节使高峰期避开高温天气将会极大地降低损失而提高效益。根据经验,蛋鸡在立秋前后开产最佳。这个时节随着天气的逐渐凉爽,蛋鸡的采食量会不断增加,会很快达到产蛋高峰,取得很好的经济效益。由此,根据开产日期推算育雏时间最好在公历3~4月份为宜。在育雏中饲养的密度不要过大,否则会造成鸡群混乱,竞争激烈,饲养环境恶化特别是采食饮水位置不足,会使部分鸡体质下降;育雏温度过低或通风不良等,可产生严重应激,使雏鸡发育不良。要及时挑出体质弱小的鸡,放在更舒适的环境中饲养,使其赶上群体的体重,保持群体的均匀度。

第四、供给全价合理调配的饲料。要根据鸡不同生理阶段的正常生长需求供给饲料,饲料的质量要可靠,不能发生霉变,棉粕、菜粕要经脱毒才能使用。即便是可靠的原料,也要注意其使用比例,科学搭配,确保饲料原料的吸收利用率和营养的全面性。

第五、抓好产蛋鸡的育成工作。产蛋鸡饲养成功与否决定产蛋性能的高低。为此,首先做好称重管理,根据称测体重大小选择育成料和决定日喂量。其次,做好限饲工作,及时分群,注重均匀度,16周龄均匀度一定要达到80%。再次,产蛋鸡要确保其稳产、高产,就要满足其营养,要按时防疫消毒、清洁卫生,注意通风和光照,减少应激。产蛋鸡冬天要注意以下四点:1、提高饲养密度,封好门窗,防风保温;2、在保温的基础上做好通风换气;3、加强光照管理;4、饲料中加大能量成分,用和舍温相同的水给鸡饮。对产蛋鸡夏天降温应从以下四点着手:1、减少热辐射,增加通风,降低舍内温度;2、调整日粮结构,添加抗应激物质,改变饲喂方法;3、供给足量、清洁、新鲜的饮水;4、降低鸡群密度。只有加强饲养管理,才能保证在任何情况下都能取得好的经济效益。

第六、及时准确诊治疾病。要减少疾病的发生,首先要切实地做好免疫工作。其次实行严格的隔离、消毒等综合措施,减少病原菌的感染机会。再次,要喂全价饲料和清洁的饮水,增强鸡体对疾病的抵抗力。要及时准确的诊治疾病,首先要详细了解鸡病发生的日龄、品种、发病时间、发病症状、免疫情况、饲料情况、鸡舍情况等;其次,治疗时做到标本兼治,必要时使用中药治疗。再次,要注意环境卫生及清洁消毒,加强饲养管理。

当然,这项发酵床技术也同样适用于养鸭,发酵床的制作和饲养时的注意事项与养鸡大同小异,下文就不再赘述。

招式 28 把握肉鸡养殖的几个关键环节

我国的肉鸡养殖业发展迅速。原因有三:一、肉鸡生长速度快,饲料报酬高,繁殖力强;二、肉鸡生产具有投资少、见效快等特点;三、肉鸡产品蛋白质含量高,营养完善,商品性强,深受城镇居民喜爱。

而在肉鸡生产中,出栏体重和成活率是衡量肉鸡饲养效果的重要指标,因此,如何加快肉鸡增重和提高全期成活率是养好肉鸡的关键。当前肉鸡饲养户应重点抓好以下几个环节。

第一、选养健康雏鸡,切不可贪图便宜购进不健康的雏鸡,带来雏鸡存活率低、生长慢、饲料转化率低等不良后果。

第二、科学饲养。选择品质好、信誉有保证的饲料原料,根据肉鸡营养需要,正确使用饲养标准配制饲料。如育雏期(0~3周龄)的饲养目标是各周龄体重适时达标。为此,第一周要喂给雏鸡高能高蛋白日粮,可在日粮中按每百只肉鸡添加蛋黄4个、奶粉100克,并用速补-14饮水1周。2~3周龄要适当限饲,防止体重超标,以降低腹水症、猝死症和腿病的发生率。中鸡期(4~6周龄)是骨架成形阶段,饲养的重点是提供营养平衡的全价日粮。育肥期(6周龄至出栏)为加快增重,要提高饲料中的能量水平,可在日粮中添加动物油,粗蛋白质含量要有所下降。

第三、严格管理。适宜的温度和湿度有利于肉鸡的健康生长。因此,要控制肉鸡生活环境的温度和湿度,实行低密度饲养,提高肉鸡的均匀度和出栏率。

第四、预防鸡病。牢固树立"防重于治"的思想,做好预防工作。严格执行全进全出的饲养制度,防止交叉感染;采用合理的免疫程序和用药程序,搞好环境卫生,做好消毒,切断传播途径;强化饲养管理,提高鸡体抗病能力。

第五、适时出栏。肉鸡达到一定体重时,料肉比突破其最佳盈利点,反会带来效益下降，因此，要做到适时出栏，取得最好的经济效益。肉鸡最经济的出栏时间：体重1.8~2.2公斤时出笼，这时肉鸡生长速度快、饲料报酬高、肉质好，可获得较高的经济效益。

招式29 如何饲养生态鸡

与现代笼养方式不同的是，生态鸡饲养实行纯粹的野外放牧，让鸡真正回归自然。其以选用良种鸡为基础，采取圈舍栖息与山地放养相结合，以自由采食昆虫、嫩草和各种果实为主，人工补饲配合饲料为辅，让鸡在空气新鲜、水质优良、草料充足的环境中生长发育，以生产出绿色天然优质的商品鸡及其蛋品。

下面介绍几项饲养生态鸡的关键技术。

第一，场地选择要适宜。生态鸡要选择在生态环境优越的天然草原、天然山地、果园田野等适合放牧的场地饲养。要求场舍周围5公里范围内没有大的污染源，有丰富的草料，背风向阳、绿树成荫、水源充裕、取水方便。规模饲养还要求道路交通和电源有保障，便于饲料、产品运输和加工。一般鸡舍面积按照每只鸡0.1平方米计算，要求架养栖息，运动场按每只鸡1平方米计算，运动场周围最好用竹篱和塑料网围起来。

第二，品种选用是基础。没有市场，再好的品种也算不上好品种。因此，饲养生态鸡要根据市场需求和生产需要选择品种，可因地制宜选择，通常以兼用型鸡种最好。

第三，择时育雏很关键。选择合适的育雏季节对饲养好生态鸡很重要。按照各地山区的气候特点，一般最好选择3~6月育雏。因为这一时段气温由低到高，光照充足，有利于鸡的生长发育，可提高育雏成活率。同时，春雏性成熟早，产蛋持续时间长，由于气候温暖，环境适宜，舍外活动时间长，可得到充分的运动与锻炼，体质强健，抗御自然和预防天敌的能力强。

第四，科学补料提品质。为保证生态鸡的品质，用于生态鸡人工补料的饲料必须是天然有机饲料，杜绝含任何化学药物、生长激素的全价饲料。

第五，把好放养训练关。雏鸡在舍内饲养4周后，体重达到200克，即可转到有草地、有围栏的场地散养，有目的地训练鸡条件反射，经过4~6周训练，雏鸡就会形成条件反射，捕食能力和自我防护能力大大提高。从8周龄开始,训练鸡的胃肠消化能力和捕食能力,力求鸡群均匀度好、健康水平高。当鸡个体重达到500克时,已具备了放养的基本条件,可以把鸡群散放到预先圈定的放牧场地,开始自然生态饲养。

第六、做好疾病预防与控制。生态鸡的生长期以放养为主,大部分时间在野外活动,随时都有可能感染各种疾病。为此,必须在兽医的指导下,做好禽流感、禽霍乱、鸡痘等疫苗的防疫注射,及时做好疾病防控和治疗,保障生态鸡健康成长。

招式30 四季养鸡妙法

夏秋养鸡防潮为首

鸡对湿度变化敏感,湿度过大不利于鸡的生长,会使鸡的呼吸降温受阻,不利于鸡体散热,造成鸡体蓄热过多而使体温上升,采食减少,生长缓慢,甚至中暑死亡。那么,如何降低鸡舍空气湿度呢?

第一、及时清除粪便,消除鸡粪对鸡舍散热的影响。

第二、保持通风。通风是降温、排湿、除尘,保持舍内空气新鲜的主要方法。夏季应打开鸡舍前后窗,保证空气对流。也可安装较大功率的换气扇,加大舍内空气流动,及时带走水汽和鸡体产生的热量。

第三、保持合理的饲养密度。根据鸡龄、管理方式、通风条件和季节控制密度,一般要求每平方米不超过30千克活重。垫料平养的密度低些,架养或网养可比垫料平养增加20%;通风条件好的鸡舍,饲养密度可适当大些;同样面积的鸡舍,夏季应比冬季适当少养一些。

第四、加强鸡舍管理。对损坏的鸡舍进行维修,以防漏雨。及时更换潮湿的垫料,饮水器具加水不宜过满,防止溢水、漏水。

冬春养鸡保暖通风

冬春天气寒冷,昼夜及舍内外温差大,青绿饲料匮乏,鸡疾病多,生长慢。因此,冬春养鸡要想获得高效益,必须做到保暖、通风、除湿、消毒等几点。

第一、保暖,保持适宜的温度。冬春气候寒冷多变,给养鸡生产带来许多不便。因此,一般情况下,可采取适当增加饲养密度,并闭门窗,加挂草帘,饮用温水和火炉取暖等方式进行御寒保温,使鸡舍温度适宜。

第二、通风,保持空气清新。冬春气温低,常常紧闭鸡舍门窗,通风量明显减少,但鸡排出的废气和鸡粪发酵产生的氨气、二氧化碳、硫化氢等有害气体会积聚在鸡舍中,易诱发鸡的呼吸道等疾病。因此,冬春养鸡要处理好通风与保暖的矛盾,将鸡舍内的粪便和杂物及时清除掉,保证鸡舍空气清新。但通风时千万注意,不要使冷风直接吹在鸡体上,以防止鸡患感冒。

三、除湿,保持鸡舍干燥清洁。冬春鸡舍内通风量小,水分蒸发量减少,鸡舍内难免潮湿,导致细菌和寄生虫大量繁殖。因此,冬春一定要强化管理,注意保持鸡舍内的清洁和干燥,及时维修损坏的水槽,加水时切忌过多过满,严禁向舍内地面泼水等。

四、补照,提高产蛋率。光照是一切生命活动的动力。冬春昼短夜长,蛋鸡常因光照不足而引起产蛋率下降。为了克服这一自然缺陷,可采用人工补充光照的方式进行弥补。在一般情况下,每天光照的总时间不应低于14个小时,但也不能超过17小时,因为超过17小时会造成鸡生理机能紊乱。

五、增能,满足鸡的生理和生产需要。鸡靠吃进体内的能量饲料来获得热能维持体温,冬春外界的气温越低,鸡用于御寒的热能消耗就越多。据测定,冬春鸡的饲料消耗量比其他季节要增加10%左右。所以,在冬春鸡的饲料中必须保证充足能量饲料,除了保证蛋白质的一定比例外,还应适当增加含淀粉和糖类较多的高能饲料,以满足鸡的生理和生产需要。

六、强体,提高鸡对疾病的预防能力和生产能力。要搞好防疫防病工作,定期进行预防接种。根据实际情况,可定期有针对性地投喂一些预防性药物,适当增加饲料中维生素和微量元素的含量,增强鸡的体质,提高养殖效益。

七、消毒。不能忽视消毒,否则极易导致疾病暴发流行,造成惨重损失。

招式31 九种省料方法需记牢

节约饲料,减少浪费,降低饲料消耗,是提高养鸡经济效益的关键。养殖户可采取以下九种方法省料:

第一、选用良种鸡。选择体重小、饲料利用率高的品种。同一品种的鸡,以中等体重的鸡为宜。

第二、平衡营养,定量饲喂。在配制鸡饲料时,根据鸡的品种、日龄、用途来确定饲料中的蛋白质、能量、矿物质、维生素等营养比例,并适当补充一些氨基酸、赖氨酸、绿化胆碱等添加剂,这样不仅满足了鸡对能量和蛋白质的需要，而且可以明显地提高饲料的利用率。在饲喂上，蛋鸡和种鸡应定量饲喂，一般以每日给的料够吃为宜。如果蛋鸡每日喂料量过多，不仅浪费饲料，而且会因采食过量而长得过肥，影响产蛋。

第三、按季节配料。鸡群在冬季需要消耗很多热能，应该加大能量饲料的比例，以占饲料总量的60%~70%为宜。夏季天气炎热，应适当减少日粮中能量饲料的比例。

第四、实行笼养。笼养时鸡的活动量变小，体能消耗有所降低。同时饲养密度较大，散热量降低，能量散失少，鸡食量降低。实践表明，笼养鸡一般要比散养鸡节省饲料20%~30%。

第五、保证充足的饮水否则会使产蛋鸡的产蛋率降低或导致鸡停产。

第六、根据鸡龄的大小设计料槽，减少饲料的浪费。

第七、及时清除鸡体的寄生虫，减少寄生虫对鸡体营养的消耗，进而节省饲料，提高鸡的生产能力。

第八、及时淘汰低产鸡，节省饲料，提高饲料的有效利用率和饲养的经济效益。

第九、做好饲料的贮存工作，要把饲料放在通风、干燥、避光处，防止饲料氧化、霉烂变质。

招式32　常见鸡病预防和治疗

一、鸡瘟。该病是病毒引起的一种急性败血疾病，多于春秋发病，传染快，死亡率高。此病潜伏期为3~5天，分最急性型、急性型、慢性型三种。一般流行初期多为急性发生。鸡患上此病，体温急剧升高达43~44℃，出现闭眼、毛松乱、缩颈、垂翅，步态不稳或转圈；冠黑紫、口流黏液、摇头、打咯、呼吸困难、拉绿色或黄色粪便；后期腿、翅麻痹，死亡率高。

最可靠的预防方法是进行疫苗接种防疫。1~2周龄的雏鸡用鸡新城疫Ⅱ系苗稀释10倍滴鼻；2月龄以上的中、大鸡用Ⅰ系苗稀释1000倍，每只鸡肌肉注射1毫升，可免疫一年。也可采用饮水免疫法：用鸡新城疫Ⅲ系(F系)疫苗稀释成0.1~0.3%水溶液，让鸡自由饮食，10~30天后再饮用一次，可免疫7个月。目前此病尚无特效药物治疗，可试用：1、蒜头3~5片，打烂混合少量硫磺粉和生油进行灌服,每日2次。2、巴豆半粒打烂,混合少量生油进行灌服,每日2次。

二、鸡出败(禽霍乱)。这是一种一年四季都可发病的烈性传染病。传染有时比鸡瘟还快,常常不显任何症状而突然死亡。此病可同时传染鸭、鹅和家兔。

预防:每年定期注射禽出败菌苗,2月龄以上的鸡不论大小,每只鸡肌肉(或皮下)注射2毫升,每4~6个月防疫注射一次;亦可在饮水中加入0.01%的高锰酸钾(灰锰氧)或0.2%的磺胺二甲基嘧啶钠水溶液,也有一定的预防效果。

治疗:1、青霉素3~5万国际单位/只,作肌肉注射,每天3次。 2、磺胺噻唑钠或磺胺嘧啶钠肌肉注射,每只鸡每次1克(每片药含量250毫克),每天2~3次。

三、球球虫病。此病严重而常见。以15~25日龄鸡最易感染,发病率和死亡率都很高;梅雨季节发病率最多,一旦发病就会引起广泛流行。病雏最早出现全身衰弱,精神委顿,喜欢拥挤成堆,两翅下垂,毛松乱,眼睛紧闭,好睡;下痢,呈棕红色带血稀粪;冠髯苍白,大量饮水,继而废食,最后极度消瘦。

预防:1、搞好鸡舍卫生、干燥,并定期消毒。2、及时隔离病鸡,进行治疗。

治疗:1、每只鸡用青霉素3000~6000单位计算,将青霉素溶于水中,让鸡自由饮食。2、用土霉素或金霉素2~4毫克喂服,连用3天;或每公斤饲料加入金霉素800毫克,拌匀喂鸡。3、将250毫克痢特灵混入每公斤饲料中拌匀饲喂,或在饮水中加入同样的剂量让鸡饮服,连用2~3天。

四、鸡白痢。这是一种细菌性传染病,大小鸡都可发病,但尤以半月龄左右的雏鸡较为多见,死亡率较高。病鸡精神委顿,缩头、翅垂,拉白色浆糊状稀粪,肛门常被粪便粘住,排粪时发出"吱、吱"叫声。治疗:1、每公斤饲料加入痢特灵200~400毫克(即2~4片)拌匀喂鸡,连用7天,停3天,再喂7天。2、按每公斤鸡体重用土霉素200毫克喂服;或每公斤饮料加土霉素2~3克拌匀喂鸡,连用3~4天。3、用青霉素2000国际单位拌料喂服,连用7天。4、每公斤饲料加入磺胺脒10克或磺胺二甲基嘧啶5克拌料喂鸡,连用5天;也可用链霉素或氯霉素按0.1~0.2%加入饮水中喂鸡,连用7天。以上药物最好交替使用,以利提高疗效。

五、鸡痘(鸡白喉)。这是一种传染性很强的疾病。病鸡生长缓慢,甚至死亡。预防:1、免疫接种痘苗,适用于7日龄以上各种年龄的鸡。用时以盐水或冷开水稀释10~50倍,用钢笔尖(或大针尖)蘸取疫苗刺种在鸡翅膀内侧无血管处皮下。接种7天左右,刺中部位呈现红肿、起泡,以后逐渐干燥结痂而脱落,可免疫5个月。2、搞好环境卫生,消灭蚊和鸡虱。3、及时隔离病鸡、甚至淘汰,并彻底消毒场地和用具。目前没有特效药物治疗,一般采用对症疗法。

六、鸡蛔虫病。这是一种常见的鸡寄生虫病。预防:每年定期驱虫3~4次。治疗:1、按每公斤鸡体重用驱蛔灵0.15~0.25克(每片药含量0.5克)灌服;或把药研拌拌入饲料中,于傍晚一次喂服。2、按每公斤鸡体重用驱虫净20~30毫克(每片药含量25毫克),拌入饲料喂服。3、用汽油1~2毫升,进行嗉囊注射。

第二节 7招教你养鸭

招式33 如何选择高产蛋鸭

蛋鸭产量的高低,除了受品种、饲料、管理和年龄等因素影响外,个体间的差异也很关键。因此,要想取得好的饲养效益,首先要选好蛋鸭,打好养殖基础。

养殖户可以根据蛋鸭的体形、外貌和触摸手感来进行识别,采取"四看四摸"法方便准确地选择出高产蛋鸭。

一看,高产蛋鸭眼大凸出而有神,头稍小似"水蛇头",颈细长,背宽,体长,发育饱满而均衡,行动敏捷。用手提鸭颈时,两脚向下伸直,脚掌展开,不动弹。低产鸭眼小不凸出且无神,头大颈粗,体短,背、胸较窄,行动迟缓。用手提鸭颈时,双脚屈起,脚掌并拢。

二看,羽毛紧密细致、富有弹性的是高产蛋鸭;羽毛松乱、无光泽、不紧密、不细致的是低产蛋鸭。

三看,高产鸭在产蛋期腹大而柔软,臀部丰满下垂但不拖地,泄殖腔大、湿润松软,呈半开状。低产鸭腹小且硬,泄殖腔紧小而收缩,有皱纹较干燥。

四看，高产鸭饱食后，颈段食管膨大下垂。这表示嗉有较多的食料，营养物质充足，能高产。反之则是低产的表现。

一摸耻骨。高产鸭在产蛋期耻骨距离宽，按之柔软而富有弹性，可容纳3-4指。耻骨与胸骨末端宽达12~13厘米，而低产鸭不足10厘米。

二摸皮肤。皮肤柔软、富有弹性、皮下脂肪少的为高产蛋鸭；低产蛋鸭皮肤粗糙、无弹性，皮下脂肪多。

三摸腹部。腹部大而柔软，臀部丰满而下垂，体形结构匀称，似琵琶状的为高产蛋鸭；低产蛋鸭腹部小、较硬，臀部不丰满。

四摸肛门。高产蛋鸭产蛋期泄殖腔大，呈半开状态；低产蛋鸭泄殖腔小而收缩，有皱纹，比较干燥。

招式34 养好蛋鸭五大关键技术

饲养蛋鸭已成为农民致富的好门路。那么，如何才能养好蛋鸭呢？下面介绍几个关键技术：

第一、严格控制体重。体重变动是蛋鸭产蛋状况的晴雨表，因此观察蛋鸭体重变化，根据生长规律控制体重是一项重要的管理措施。一般要求开产日龄体重在1.4kg~1.5kg范围内的应占85%以上。为达到产前蛋鸭体质健壮、发育一致、骨骼硬结、羽毛着生完全、适时开产，从育成鸭开始必须实行限饲。一般产前鸭子的饲料质量不必过好，不能喂得过饱，但须多供青饲料，料槽、水槽里的料、水量要充足，不可断缺。根据产蛋率、蛋重增减情况调整饲料供给，使进入产蛋盛期的蛋鸭体重保持在1.45kg左右，以后稍有增加，至淘汰结束不超过1.5kg。此期间，如体重骤然增减，则显示饲养管理中出现了问题，应及时进行纠正。

第二、随时掌握鸭群动态，清楚鸭群的每日食量。如发现鸭采食量减少，应分析原因，采取措施。鸭子每天产蛋窝的多少一般有规律可循，捡蛋时观察鸭舍内产蛋窝的分布状况，记录每天产蛋的个数和重量，细致地观察鸭蛋的形状、大小和蛋壳厚薄，一旦发现所产的蛋个小、蛋形长、壳薄或畸形蛋增多时，就要注意增加营养，及时添喂动物性饲料。

第三、抓好产蛋期饲养管理。产蛋初期与前期要重点增加日粮中营养浓度和饲喂次数，适当添加鱼粉，满足营养需要，把产蛋量推向高峰。产蛋中期重点是确保鸭高产,日粮营养浓度应比前一般略高,除了增加鱼粉,要适当多喂些青饲料和钙,使钙量充足,产蛋优质。产蛋后期重点是依据蛋鸭体重和产蛋率来确定饲料的质量及喂料量。若鸭群的产蛋率仍在80%以上,而鸭的体重略有下降,应在饲料中适当加动物性饲料,补充鱼肝油和矿物质;若体重增加,应将饲料中的代谢能适当降低或控制采食量;若体重正常,饲料中的粗蛋白质应比上阶段略有增加。

第四、减少各种应激因素的影响。蛋鸭生活有规律,但神经质、性急胆小、易受惊扰,因此在饲养过程中要注意以下几点。首先,要保持环境安静。舍内环境要尽量避免异常响声,不许外人随便进出鸭舍,不使鸭群突然受惊,其次,要保持饲料的相对稳定,饲料品种不可频繁变动,不喂霉变、质劣的饲料。再次,养鸭人员也要固定,不要常更换。最后,饲喂次数与饲喂时间相对稳定。突然变更饲喂时间或突然减少饲喂餐数等均会引起应激,造成产蛋量下跌。

第五、搞好鸭病的防治工作。要注意鸭舍清洁卫生,保持鸭舍垫草舒适干燥,切忌潮湿。鸭舍内若气闷、臭味重,要及时打开门窗通风换气。舍内的料槽、水槽要经常进行洗刷消毒。要按制定的免疫程序及时接种好疫苗,定期在饲料或水中添加一些预防药物,以控制各种疫病的发生。

招式35 肉鸭养殖"四抓"法

第一、抓好品种选择。鸭苗质量有好有坏,直接影响饲喂后鸭子的体重和鸭肉的品质。如果鸭苗品种纯正、质量好,就耗料少、长得快、赚钱多。反之就会吃料多、长得慢、赚钱少。因此在购买鸭苗时应首选大型名牌企业生产的鸭苗。

第二、抓好饲养管理。除了做好温度、湿度、饲养密度、通风、光照等饲养管理要点之外,要实行"全进全出"的饲养制度,意思是肉鸭要一次性全部出售,然后对饲养场所和生产用具彻底消毒,接收同一日龄的,再一次同时出栏。这样做的好处是便于管理,鸭群生长发育整齐,有效减少不同日龄的鸭相互感染疾病的几率。

第三、抓好优质饲料。要根据鸭的不同生长阶段选购富含蛋白质和能量较高的饲料进行饲喂,使其快速生长育肥。养殖户自己调制的肉鸭全价饲料,不能发霉变质,各种饲料原料的配合比例要合理。喂料时要根据鸭群采食情况少喂勤添,最好是定时定量添加饲料,这样既能保持肉鸭的良好食欲,又可节约饲料和便于对鸭群的管理。

第四、抓好鸭病防治。要做好鸭舍和鸭体本身的卫生消毒工作,做好科学及时的免疫接种工作,针对疾病科学用药,确保肉鸭健康生长。

招式36 如何饲养雏鸭

第一、在饲养前,应注意对鸭舍及用具进行全面消毒,一般用20%石灰水或3%的来苏儿。以后每周应定期消毒一次。

第二、雏鸭出壳后24小时内必须饮水,并在饮水中加入少量葡萄糖,以补充营养,增强雏鸭抵抗力。另外,将雏鸭放入1~2厘米深的浅水盆中进行点水。

第三、全部雏鸭饮水后进行开食。用少量浸湿的碎米、碎玉米和细麦糠,并适当补充些洗净的青饲料。最初几天,应采用少喂多餐制,每日7~8次。

第四、创造雏鸭生长的适宜温度,避免温度骤升骤降。有条件的地方可用灯泡或红外线灯取暖。通常可根据雏鸭数量用塑料薄膜围成一大小合适空间,里面点灯泡1~2个,做成保温室,采取自温育雏。

第五、在最初三四天里要24小时进行光照。一方面,保证雏鸭能充分地进行采食和饮水;另一方面,充足的光照有利于促进钙、磷吸收,维持骨骼的正常发育。此外,阳光中的紫外线还可起到杀菌的作用。

第六、应在雏鸭2~4日龄时及时注射鸭病毒性肝炎疫苗,20日龄左右注射鸭瘟疫苗,预防疫病的发生。

第七、为预防肠道疾病的发生,可将少量氟派酸、敌菌净或土霉素加入饮水或饲料中,搅拌均匀后给雏鸭喂食。

第八、地面平养时,应注意雏鸭群密度,密度过高,易堆积,密度过低,不保暖。

招式 37　野鸭养殖三招

野鸭品种繁多,目前人工驯养的主要是美国绿头鸭。绿头野鸭肉质鲜嫩,味美可口,脂肪较少,是传统的滋补食品和野味佳肴。这种野鸭生长速度快,70日龄平均体重可达1.2公斤,5个月左右开始产蛋,年产蛋150枚左右,很适合农户养殖。

下面介绍几招野鸭的饲养技术:

一、营造野生环境:建造野鸭场舍,必须迎合野鸭的生活习性,可以将鸭舍一分为二,一半搭上棚作为休息室,另一半当露天活动场地。活动场地应是池塘或人工水池。活动场上可栽些树木和草,在池塘里栽种一些水草等藻类,尽量为野鸭营造一个适宜的野生环境。如果采用养放结合的饲养方法,饲养场地必须选在河道、湖泊旁等水域开阔、草木茂盛的地方。同时,要装上围网和天网。天网高度距水面2米左右,周围加围网至水底,与天网联成封闭体,以防飞逃。天网与围网孔眼3厘米×3厘米,用尼龙网或绳网均可。一般每100只野鸭饲养面积为60平方米左右。

二、满足野生食性需求:在给雏野鸭进行开食时,要在饲料中加入少量鱼粉,等过几天方可饲喂配合饲料,同时加入适量青绿饲料和小鱼虾、蚌肉、蚯蚓等鲜活动物。饲喂1个月后,要降低饲料中的蛋白质含量,适当减少鱼粉、豆饼的比例,逐渐增加粗饲料,比例可达20%。同时,每天饲喂100克苜蓿、青草等青绿饲料,促使野鸭生长骨架,延缓发育速度。两个月后,须减少粗饲料,将蛋白质饲料提高到18%,并继续增加青绿饲料。

三、加强驯化管理:首先,要精心饲喂雏鸭。1~30日龄的雏鸭要严格控温,要在地面铺松软稻草,并隔栏喂养。雏鸭有堆睡习性,须日夜值班,防止压死、闷死。开食时,要先饮水,每天饮水5~7次,保证足够的饮水。其次,要驯化管理成鸭。野鸭一般在50天后开始学飞,需严格防逃。要安排水盆,提供活动场地和野性栖息物。70日龄左右的野鸭激发飞翔欲望,骚动不安,采食锐减,体重下降,须限制饲喂,增加粗饲料比重,饲养员要穿素色衣服,忌穿花鲜衣服。同时,要避免外人进入鸭舍惊扰群鸭。驯化半个月后,均转入正常。

招式 38　四季养鸭要点

一、春季气候由冷转暖,日照时间明显增加,对鸭只产蛋很有利,要充分利用这些有利条件,为鸭子创造稳产和高产的环境。

首先要注意保温、通风,搞好清洁卫生工作,定期进行消毒。

其次,要调整饲养方式,迟放早关。早上迟放鸭,傍晚早关鸭,减少鸭下水的次数,缩短下水时间。上下午阳光充足的时候,各洗澡一次,时间10分钟左右。待四、五月份,可以适当延长蛋鸭的下水时间,对蛋鸭进行良性刺激,强健鸭体,增强其抗病能力,最终达到高产目的。

再次,加足饲料,保证青饲料供给。气温由冷转暖,日照增长,对产蛋有利。饲料要从数量上与质量上都满足蛋鸭需要,提高蛋鸭产蛋率。

最后,春末夏初之际,会出现梅雨季节,若管理不当,鸭易出现掉蛋换毛。因此,鸭舍要通风良好,勤换垫草,保持舍内干燥,要定期消毒鸭舍与料槽、饮水器。晴天让鸭在舍外多活动,多接触阳光。

二、夏季要及时避雨,及时降温。

首先,夏季雨水充足,要防止雨淋,避免蛋鸭受凉,免疫能力下降。要防止蛋鸭嬉戏和饮食下雨时的脏水,以免鸭群患肠道疾病,使产蛋率下降。下雨时应停止鸭群在运动场的活动,把鸭群赶回鸭舍。等雨后清除脏水后再把鸭群放出来活动。

其次,要降低饲养密度。密度过大,将造成拥挤、堆压、积湿、闷圈,所以应减少数量,增高水盆食槽。

再次,要减少阳光直射,高温期间可在屋顶浇水,要搞好日常消毒,防止苍蝇、蚊子滋生,使鸭群免受虫害骚扰。

最后,要调整饲料配方,供给新鲜饲料,优化喂料时间。饲喂新鲜饲料,满足所有必要氨基酸,让蛋白质水平处于低限,减少饲料消化散热,喂料时间尽量在清晨和夜间8~10时,白天让鸭多休息。

三、秋季气温渐凉,日照时间变短、昼夜温差增大,此时的蛋鸭刚好从产蛋高峰期降下来或换羽完毕,对某些营养因素有迫切需要,因此,秋季应注意加强蛋鸭的营养调节,保持环境稳定,尽可能推迟其换羽,以提高生产水平。

首先,要提高饲料的蛋白质水平,使其能够摄入足够的蛋白质,满足产蛋需要。要适当补充无机盐饲料,最好在鸭舍内设置矿物质饲料任其自由采食。

其次,要做好防寒工作,尽可能减少鸭舍小气候的变化,要降低舍内湿度,防止垫草泥泞。针对秋季自然光照时间缩短的情况,补充人工光照,使鸭保持旺盛的繁殖机能。

再次,要做好疾病预防工作。秋季是鸭瘟、鸭霍乱、减蛋综合征等疾病的高发期,要加强疾病防治工作,保持鸭舍清洁卫生,及时清除粪便,勤洗水槽、食槽,定期对鸭舍及用具进行消毒,严格按照免疫程序进行疫苗接种,防止疾病发生,确保蛋鸭健康。

四、冬季天气寒冷,气温低,养鸭要注意以下几点:首先,注意防寒保暖。如关好鸭舍门窗,防止冷风侵袭。铺上垫草,使鸭栖息时腹部不会受凉。补充光照,促进鸭脑垂体性腺激素的分泌,促使卵泡成熟和排卵。适当提高饲养密度,利用其体热增加舍温。其次,提高饲料标准给鸭提供更多能量维持生命。因此,要注意提高能量和蛋白质的含量,每天适量喂些青饲料,夜间要添喂一次温热饲料,增加鸭子的营养,帮助鸭子御寒,提高鸭的生产机能。再次,要注意舍卫生:搞好鸭舍的环境卫生是保证鸭群身体健康、提高产蛋率的基础,因此,要求鸭舍垫草常换,用具常消毒,发现问题应及时隔离和治疗。

招式39 土法治疗鸭病有奇效

一、结石病。将病鸭倒着提起来,让鸭头朝下,用手沿嗉囊向鸭嘴挤压,动作要轻慢,每次挤压时间不宜过长。挤净嗉囊内硬物后,随即给病鸭吃"食母生"、消炎片等药,3天后鸭子病状即可消除。

二、食物中毒。将鸭子赶入清水塘里喝水,冲淡毒汁。重病可用水稻或玉米等农作物加拌一些大蒜头和少许食盐饲喂。蒜头要切成碎末,以达到消毒、解毒的目的;同时也要多喂些青饲料,4~5天后患鸭好转为止。

三、鸭瘟。这是一种急性传染病。病鸭出现高热、脚软、步行困难,拉绿色稀便,流泪等症状。常见头颈部肿大,故有"大头瘟"之称。治疗方法有以下几种:1、从雏鸭进食起,每100只雏鸭取0.5公斤鲜仙人掌,捣烂取汁后加入1.5公斤清水搅匀后饲喂,每天1次,连喂15~20天,在生长过程中不会发生鸭瘟。2、取0.25~0.5公斤晒干的烟茎,放入装有1公斤男人尿的桶内浸泡1~2天。捞去烟茎将尿液拌料喂鸭,每晚喂1次,防治鸭瘟。病鸭康复前禁戏水和喝水。3、采新鲜樟树叶捣烂后置于槽内,加入清水适量搅拌,让鸭子自食即可。鸭瘟初发阶段能控制病情发展,连续投喂可防止复发。4、取适量含羞草,将其根和茎切成小段,加水煮成黄色,滤汁给患鸭灌服或拌料喂服,每日3次,1~2日即见效。5、将适量干鸽粪用温水浸泡成糊状,掺入鸭饲料中连喂3~5日,即痊愈。6、取陈大麦适量,放入铁锅内炒熟,将热麦装入盆内,再将刚宰杀的兔子鲜血与热麦拌匀后让病鸭采食。病鸭吃了拌有兔血的大麦后,在24小时内禁止下水,不能饮水。

第三节 6招教你养鹅

中国是养鹅大国,养鹅总量约为8亿只,人均占有量仅约0.6只,且鹅的繁殖率比较低,鹅群发展比较缓慢,未来25年~30年,鹅产品市场不会出现供大于求的局面,发展潜力十分巨大,具有灿烂的前景。而且鹅全身是宝,综合利用价值很高,饲养简单,投入产出比高,饲养风险小,经济效益优于养鸡、养鸭,是一个致富的好门路。因此,广大农民朋友不妨将养殖目光投向养鹅,去获取丰厚的利润和回报。

招式40 饲养蛋鹅五要点

目前,农村养蛋鹅规模小,饲养方式大多数是靠放牧为主,大自然长什么就吃什么,长多少就吃多少,根本谈不上补饲。很多养殖户盲目饲养,不但圈舍破落、卫生条件较差,甚至缺乏养殖技术和防疫知识。因此,采用科学合理的饲养管理技术是提高饲养蛋鹅经济效益的关键。

第一、饲养规模要适当。如果大群饲养,放牧就会困难,假如青料不足的话,补的精料就要多,成本太高;如果养少量,也要放牧喂养,浪费人力、物力,也不合适。因此饲养者应根据自己的情况,酌情控制饲养规模,一般兼业饲养者以10~50羽为宜,专业饲养以300~1000羽为宜。

第二、一看二摸选好鹅苗。一看是看鹅的精神面貌、羽毛色泽。鹅充满活力,精神好,反应灵敏,羽毛洁净而富有光泽的鹅就是优质品种。二摸是用一只手持鹅颈部及胸部,另一只手由背向后摸至尾部,检查腹部是否涨大,并观察抓摸时的反应。要选择那些握在手中感触有弹性,挣扎有力,鸣声大的鹅。

第三、种草养鹅,降低成本。鹅是食草性水禽,因此,要在充分利用野草资源的基础上,建立养鹅人工草地,满足规模养殖的需要。种草时要选择适宜鹅采食、适口性好、耐践踏的品种,如苜蓿、多年生黑麦草、白三叶、红三叶、猫尾草等永久生品种。放牧时应让鹅自由采食,待其吃到七八成饱,就赶至水塘,让其自由饮水或在塘边吃草。鹅群饱食后,多喜玩水交尾。早上放牧先将产蛋母鹅赶下水,按1:5放公鹅配种,以提高受精率。公鹅过多易相互打架,影响配种受精。另外,鹅有回巢产蛋的习惯,因此不要将产蛋鹅放牧太远。母鹅不吃草、头颈伸长、鸣叫等是其恋巢的表现,这时要将母鹅及时赶回棚内产蛋。

第四、科学补料,满足鹅生长发育的需要。如母鹅,要从产蛋前4周开始,给其喂谷物占25%~30%、青草或菜叶占30%的混合饲料,每天每只喂250克~300克,并全面供应足量的优质粗饲料,如秕谷、干草粉等。补料时要掌握几个原则:1、看膘补料。母鹅过肥,卵巢和输卵管周围沉积大量脂肪,影响卵细胞的生成和运行,使产蛋量降低。母鹅过瘦,营养缺乏,产蛋量自然不高。因此,对过肥母鹅要适当减产或停喂精饲料,适当增加运动或放牧。对过瘦母鹅,要及时增喂精饲料,注意增加饲料中蛋白质的含量,还要加喂夜食,提高产蛋率。2、看蛋形补料。产蛋鹅对蛋白质、脂肪、矿物质、维生素等的需求很大,如果摄入的营养不足,蛋壳就会变薄,蛋形就会变异、变小。出现这种情况,必须加豆饼、花生饼、鱼粉等蛋白质含量丰富的饲料,同时适当添加矿物质饲料。3、看粪便补料。鹅排出的粪便粗大松软、有光泽,轻轻一拨便能成段,说明营养适合、消化正常。若排出的粪便细小结实,颜色发黑,轻轻拨动后断面呈颗粒状,表明精饲料喂量过多、青粗饲料喂量过少,应减少精饲料喂量,增喂青粗饲料。若粪便颜色浅、不成形,说明精饲料喂量不足、青饲料过多,饲料中营养水平过低,应加喂精饲料。

第五、做好卫生防疫。小鹅瘟、鹅副粘病毒病、雏鹅感冒、雏鹅脱水、雏鹅水中毒、雏鹅有害气体中毒、饲料中毒、低温环境中造成的挤压、寄生虫病、热射病、日射病等都能造成鹅群死伤。应该彻底纠正那种认为鹅的抗病力强,粗放饲养管理也不会闹病的错误观念。从养鹅生产的各个环节采取综合防治措施进行防控,做好卫生防疫,及时消灭传染病,控制和减少普通病和寄生虫病发生,降低发病率、减少死亡。

招式 41　如何绿色养殖肉鹅

第一、选好品种。品种是决定效益的内因，正所谓"好种出好苗，好苗结好果，好果才有好效益"。绿色育鹅的基础是要选对鹅、选好鹅。应选择体型大、生长速度快、耐粗饲的鹅，要求雏鹅健壮活泼，反应灵敏，叫声有力，用手握住颈部提起来时双脚迅速收缩。要淘汰腹大、歪头的弱雏。

第二、精喂雏鹅。给刚出壳的雏鹅喂0.05%的高锰酸钾液，并在每100毫升高锰酸钾溶液中加维生素C 5毫升，维生素B 16毫升，葡萄糖5克，红糖3克，日喂3次，连喂5日。用鲜莴笋叶或鲜嫩菜叶置于干净地方让其采食，2小时喂1次；2~4日龄喂用水浸过的饭坯子，日喂4~5次，夜间1次；5~10日龄日喂7~8次，夜间2次，日粮中米饭占20%~30%，青饲料占70%~80%；11~20日龄逐渐喂配合饲料，采食青草，日喂5~6次，晚上2次。

第三、根据季节放牧。春季气候温暖，天然饲料较多，是肉鹅放牧的好时节，应选好场早放牧。放牧时尽量做到早出晚归。为使肉鹅快长速肥，每天中午每只鹅应补喂混合精料0.1~0.125千克。参考配方：玉米40%、稻谷15%、麦麸19%、米糠10%、菜籽饼11%、鱼粉3.7%、骨粉1%、食盐0.3%。夏季气温高，放牧时要做到上午早出早归，下午晚出晚归。中午炎热时，不让鹅在水里停留，将其赶到大树边或高埂田荫蔽处纳凉，或赶回棚里休息，避免烈日直晒。具体放牧时还应注意，初夏正值梅雨季节，长期的阴雨，使树林、草丛、旱地里繁殖了大量的蜗牛、野蛞蝓，因此可以充分利用那些野生动物作饲料。秋季是收获的季节，收获后的稻田是肉鹅放牧的黄金牧场，因此，要延长放牧时间。冬季的河流、沟港、池塘处于枯水状态，可以成为放牧区，鹅群可以啄食一些小鱼虾与水生动植物。但冬季放牧，因为气温、水温都低，肉鹅在空旷的田野与水里呆得过久，容易受凉而影响生长。因此，每天的放牧时间不要超过4小时，要做到迟放早归。

第四、成鹅科学育肥。将鹅放在光线暗淡的育肥舍里，限制其运动，喂给含有丰富碳水化合物的谷实或块根饲料，每天喂3~4次，使体内脂肪迅速沉积，同时供给充足的饮水，增进食欲，帮助消化，经过半个月左右即可宰杀。也可以填饲育肥。填鹅方法和填鸭差不多，此法能缩短肥育期，肥育效果好，但比较麻烦。具体做法是:将玉米粉拌湿制成条状食团,然后稍蒸一下,使之产生一定的硬度,用强制的方法将食团塞入鹅的食道,每天填3~4次,填后放在安静的舍内休息,约经10天填饲,体内脂肪增多,肉嫩味美。

第五、适时出栏很重要。适时出栏可以提高鹅体综合利用率。优良杂交商品鹅65~80日龄,体重一般3~4公斤为宜;中小型鹅70~90日龄,体重在2.5~3.5公斤时就应及时出栏上市。

招式42 三招提高雏鹅成活率

第一、控制温度。适宜的温度是提高育雏成活率的关键因素之一。温度过高时,雏鹅远离热源,张口喘气,行动不安,饮水频繁,食欲下降;温度过低时,雏鹅靠近热源,集中成堆,挤在一起,不时发出尖锐的叫声;温度适宜时,雏鹅安静无声,食欲旺盛。因此,育雏期间的温度不要时高时低,应遵循以下原则:群小稍高,群大稍低;夜间稍高,白天稍低;弱雏稍高,壮雏稍低;冬季稍高,夏季稍低。

第二、掌握湿度。潮湿是育雏大忌,育雏室要保持干燥清洁,相对湿度控制在60%~70%之间。要经常更换垫料,喂水切勿外溢,加强通风。

第三、及时分群。在雏鹅开水、开食前,应根据出雏时间迟早和体质强弱,进行第一次分群,给予不同的保温制度和开水开食时间。开食后第二天,根据雏鹅的采食状况,进行第二次分群,把不会吃食或吃食很少的雏鹅分出来进行喂食。育雏阶段要定期按强弱、大小分群,及时淘汰病雏。

招式43 "六法"提高鹅的繁殖性能

第一、科学选择鹅舍地址。鹅舍的选址应远离市区,以确保鹅能在安静的鹅舍内生活。要提供充足的水源,使种鹅有机会接触到水面,发挥其天性,提高生产性能。此外,鹅的运动空间要大,防止种鹅肥胖

第二、严格选种。按常规要求选种,并将外貌特征与生产性能符合本品种特征性能的早春雏鹅选留下来,有条件的还要根据个体和系谱记录,选择那些产蛋量和产蛋、受精率和配种成绩及后代生长速度等指标好的后代。

第三、科学合理分群。为减轻争斗,要按20只~30只种鹅组建一个小群,

分开饲养管理,其公母按1:3~1:5的比例最为合适。

第四、加强饲养管理。首先满足鹅对蛋白质和矿物质的需求。其次要做好放牧、游泳、补饲、保温、防暑等日常饲养工作。当母鹅进入产蛋期后,要勤观察。一旦发现鹅伸颈鸣叫、东张西望、神态不安、思念归巢应立即检查。再次,为了克服鹅厌伴,要对同群的公母鹅采取白天一起放牧配种,晚上分开关笼的饲养方式。

第五、活拔鹅毛。当发现母鹅的产蛋量下降时,对公鹅和母鹅进行分开喂养,先后停食、停水两天,然后洗净擦干,灌10毫升左右的白酒。十分钟后,按颈下部、胸腹部、体侧、双肋、腿、肩、背的顺序,先拔毛片,后拔羽绒,顺毛拔取。拔后进行圈养保暖,加强营养,7天~10天再加强游泳,多补充精料,使其尽快进入下一个繁殖周期。

第六、保证光照。从产前一个月开始,就要给种鹅保持每日14小时~16小时的光照,冬末春初入夜后要有四个小时光照。

招式44 母鹅全年产蛋有巧招

养过鹅的农民朋友大概都碰到过这样的问题:母鹅只在上半年产蛋,下半年不产蛋,处于"半年闲"的状态,在很大程度上降低了养鹅的经济效益。其实,这种情况是可以改变的,只要掌握合适的方法和措施,就可以改变母鹅半年停产的情况,让母鹅全年都"忙乎"起来,为农户增效益。

下面就给大家介绍几招让母鹅全年产蛋的方法:

第一、对母鹅进行人工强制换羽。母鹅多数在6月下旬停产,自然换羽。如果对母鹅进行人工强制换羽的话,可使母鹅早开产。具体方法是:先将停产后的母鹅放牧饲养两周,隔几天补饲一次,使母鹅体躯消瘦、羽毛干枯。待恢复正常饲养,母鹅体重恢复后进行人工拔羽。对换羽后的母鹅,要做到精心饲喂,五天以内禁止下水,防止蚊虫叮咬,注意补充营养。这样的话,9月上旬,母鹅便可以恢复产蛋。甚至进入腊月后,鹅群也能保持一定的产蛋率,从而做到全年产蛋。

第二、做好冬季精心饲喂。冬天日照短、空气温度低、天气多变,影响母鹅产蛋。为使其连续产蛋,就要精心管理,抓好防寒保暖措施,给鹅创造一个适宜的温度环境。除了舍温要适当,还要确保鹅每天的日照采光时间。喂料构成要精细合理,比例恰当,适当增加稻谷、玉米等能量饲料,补喂优质青粗饲料。饲料应分三次喂给,其中一次以夜里饲喂为宜,这样可以提高产蛋率。

第三、增加活动,强身健体。进入冬天,母鹅的运动量减少。为防止鹅体过肥,要加强运动,选择晴朗天气,把鹅赶到适宜运动的场地,让鹅多晒晒太阳,增加体质,增加产蛋。

第四、要合理放水。进入冬季,要减少鹅下水的次数,缩短放水的时间,每次放水10~15分钟为宜。要坚持"早上迟放,傍晚早关"。放水宜选在晴天上午与下午阳光充足时各放一次,雨雪天则不要下水。

第五、要给母鹅多饮温水。母鹅在冬季消耗的热能多,不宜给饮过冷的冰雪水,无论白天还是夜晚都应给饮温水,以减少体能的消耗。

招式45 养鹅要防十种病

一、鹅瘟。此病主要以防为主,在种鹅产蛋前1个月左右连用两次小鹅瘟疫苗,超前预防。万一染发小鹅瘟病,可喂藿香正气水治疗、每日2次、每次1毫升。

二、寄生虫。雏鹅1月龄时,要进行驱虫。给每公斤体重的鹅投喂150~200毫克硫双二氯酚,对绦虫、吸虫及线虫有特效。

三、鹅白痢。此病由细菌感染所致。把适量辣椒粉和生姜放入锅内炒几分钟,然后拌入米糠再炒,米糠炒熟放凉后喂给,连喂两天可治愈。

四、软脚病。主要是饲料中缺乏矿物质和维生素D。治疗方法是每只每次喂服维生素D 10毫克,每天两次,连服3~5次。

五、副伤寒。7~10日龄的雏鹅苗最易感染,症状为不吃食、口干喘气、拉稀水、头往后仰、痉挛抽搐、最后倒地死亡。治疗此病可选磺胺嘧啶按0.5%的比例伴入粉料中连续喂3~8天,可见效。

六、风湿症。将雏鹅的脚掌叉剪开,挤出污血,放入人尿中浸泡3~5分钟,即可痊愈。

七、鹅流感。病鹅精神欠佳,食欲不振,挤成一堆,流鼻涕,摇头晃脑,病程3~5天,治疗不力则死亡。治疗方法是给病鹅肌注青霉素、也可以口服磺胺嘧啶片,同时注意保暖。

八、球虫病。可在每公斤饲料中加入氯苯胍50毫克,连用10天。

九、中毒症。主要是吃了含农药的青饲料而中毒,若不立即抢救,将造成死亡。可用手把鹅嘴掰开,及时灌进干尿素10~15粒、然后喂水、并且放牧河里,让其自由饮水,2小时后,中毒的鹅便慢慢恢复正常。

十、禽霍乱。病鹅闭目呆立、精神萎靡、毫无食欲,体温高达40多℃,发病两三天死亡,发病后应及时治疗,可用青霉素和链霉素合剂肌注3~4天,每天2次,并在饲料中加入0.02%的复方新诺明,即可控制本病。

温馨提示

有经验的人们常把大蒜、陈皮和辣椒称之为养殖业"三宝",广泛的应用于家禽的饲养上。

一、增进家禽食欲。在家禽的饲料里适量添加一些大蒜粉、陈皮粉、辣椒粉,可以掩盖某些饲料成分的不良气味,增加动物喜食的香味,从而提高饲料的适口性,提高家禽的采食量。

二、改善家禽产品的品质。在蛋鸡或肉鸡的饲料中分别添加2~3%的大蒜、陈皮、辣椒粉,可明显的提高肉鸡的鸡肉肉质香味,改善蛋鸡蛋黄的色泽。

三、保健促产。大蒜和辣椒具有杀菌、防止腹泻和防止产蛋率下降的作用;陈皮含有丰富的粗蛋白、粗纤维、铁、锌、锰等多种元素。

第三章
20招教你水产养殖
ershizhaojiaonishuichanyangzhi

第一节 10招教你养鱼
第二节 5招教你养好虾
第三节 5招教你养好蟹

99招让你成为
yangzhinengshou

水产养殖业是高投入、高产出、高风险产业,且水产养殖品种繁多,各品种的市场份额都有限度,养殖者要根据自己的经济、技术、设备等条件来选择水产养殖品种,进行生产和经营,最终取得良好的养殖效益。

行家出招:46~65

第一节 10招教你养鱼

有人说:"养猪像炒股,一会赚,一会赔。而养鱼,却像储蓄,只是赚多赚少的问题,基本上不赔。"这和市场供求密切相关。鱼的营养和美味赢得了城镇居民的喜爱,成为餐桌上的佳肴。这给养鱼户带来了广阔的市场。每个养殖户都希望乘着市场的风帆,提高养鱼的效益,那么,怎么养鱼才能增效呢?总结一句话,那就是养殖户要找准市场,在养殖过程中进行科学管理,在促进鱼类快速安全生长的同时,降低饲料消耗,节约养殖成本,实现养鱼致富。

招式46 如何判断鱼类饥与饱

对刚刚养殖鱼类的人来说,判断鱼类的饥饱程度并非易事。如果不能做出准确判断,就会影响合理喂食,无法保障鱼类的健康快速成长。因此,学会判断鱼类的饥与饱非常重要。

解决这个问题,"三看四定"是关键。

一看吃食时间长短。投喂后于3个小时内吃完属正常,2小时左右吃完表明投喂量不足,还有一部分鱼没有吃饱,应在下次投喂时适当增加饲料;如延长到4小时还未吃完,而鱼群已离开食场,表明饱食有余,下次可适量减少饲料。

二看水面动静。投食后假如鱼类没有生病却在水面上频繁活动,表明鱼饿了。反之,吃饱后鱼会钻到水里去。尤其鱼苗或鱼种在水面上成群狂游,表明严重饥饿,要立即投食,杜绝狂游,否则会导致鱼大批死亡。

三看鱼类大小。鱼的食量会一天天增加,如果每天所投食量一样,到周末或旬末时,在两小时内就吃完,表明鱼的体重增加了,食量大了,没有吃饱,要增加投喂量,一直到11月份开始捕捞,都可以用此法识别掌握。

一定量。不能有什么投什么,有多少投多少,没有就不投。

二定时。鱼谚云:"停食一天,白长三天"。有的养殖户在农忙时往往只顾田头,忘掉塘头,停食几天的大有人在,要科学养鱼,就要做到定时投喂。

三定质。要严格保管饲料,不能给鱼投喂霉变饲料,否则会导致鱼病暴发流行,造成惨重损失。

四定位。切忌将鱼饲料集中投放到不足10平方米的一个点上,因为这样会导致鱼类吃食不匀、生长不均、达不到计划产量。

养殖户只有做到了"三看四定"的投喂方法,学会识别鱼的饥饱,才能实现丰产丰收。

招式 47　如何使鱼快速生长

要想鱼儿长得快,就要让鱼儿吃得欢。饵料适口性好,鱼的摄食强度和饵料利用率就高,从而能使鱼快速生长,为养殖户带来经济效益。

具体来说,有以下几种方法。

第一、可在饵料中添加维生素:在饲养鲤鱼时,每千克饲料中添加700毫克维生素C;在饲养鳗鱼时,每千克饲料中添加500毫克维生素C,增重效果十分显著;在鲶鱼每千克饲料中,添加60克维生素C,可使鲶鱼日增重提高50%,节约饲料29%。在鱼饲料中,添加维生素E,可使鱼日增重量提高10%以上。

第二、可在饵料中添加蚯蚓。蚯蚓富含粗蛋白,氨基酸种类齐全,且蚯蚓肉的特殊气味,能够引诱和刺激鱼类食欲。因此,在配合饲料中适量添加蚯蚓,可使鱼的生长速度加快。

第三、可在饵料中添加艾叶。艾叶含有蛋白质、脂肪、维生素及各种必需的氨基酸、矿物质等。在饲料中添加5%的艾叶,可使鱼的生长率得到显著提高,快速增重。

第四、可在饵料中添加光合细菌。光合细菌是一种营养丰富、营养价值高的细菌,菌体含有丰富的氨基酸、叶酸、B族维生素,尤其是维生素B_{12}和生物素含量较高,将其作为饲料添加剂添加在饲料中,可以促进鱼类对饲料的消化吸收,提高饲料利用率,降低饵料系数,显著提高鱼的生长速度。

招式 48　如何养鱼才赚钱

第一、无公害养殖。随着人们生活质量的提高，食品安全越来越被人们重视，水产品也不例外，消费无公害水产品已成为一种消费趋势。因此，大力发展无公害水产品养殖业。

第二、科学套养。一般情况下，成鱼池中的野杂鱼较多，它们会和主养鱼争食、争氧。在这种情况下，如果在精养池中合理套养经济价值较高的凶猛性鱼类，既能消灭池塘中的野杂鱼，还能进一步提高鱼池的经济效益。

第三、加强日常管理。俗话说："三分养，七分管。"从鱼种下塘一直到出塘销售，每天的早、中、晚都要巡塘，观察鱼类的活动及吃食是否正常。要及时开机增氧，严防浮头、泛池现象发生。随着气温的升高，池塘的饵料生物越来越丰富，水质容易发生变化，要适时调节水质，定期对食场、工具及池水进行消毒。

第四、不要盲目跟风养鱼。在选择水产养殖品种时，不要看啥品种赚钱就养啥，要根据整个市场行情和养殖结构来确定养殖品种。

第五、重视新技术。对于那些市场需求量大、科技含量高的水产养殖新品种要优先考虑。例如，黄颡鱼的池塘高产养殖，草鱼的免疫注射养殖等新技术。

第六、种草养鱼。在目前的池塘精养模式中，饲料成本约占整个生产成本的80%左右，在主养一些草食性鱼类时，可以在日粮中搭配一些青草，这样既可降低养殖成本，又可改善鱼类的摄食结构，达到促进生长的目的。

第七、大规格放养。采取投放大规格鱼种的方式来提高出塘规格，从而提高池塘养鱼的经济目的。

第八、做好鱼病预防工作。"养鱼不瘟，富得发昏"，根据鱼病不易被发现的特点，要做好平时的鱼病预防工作，不要有任何侥幸心理。

第九、选择优质饲料。要选用高质量的饲料，否则会导致鱼类体质下降，疾病频发。

招式 49　春季养鱼七要点

春季来临,冰消水暖,正是放养鱼种的好时节,这个时期的养鱼管理工作非常重要,这个基础打好了,就能增强鱼类抗病力,提高成活率,使鱼健康快长,迅速增重,并相对延长生长期,实现养鱼高产高效。

具体来说,春季养鱼要做好以下七点:

一、清塘消毒。鱼种放养前必须对池塘进行彻底的整治,要抽水干塘,清除过多淤泥,修整塘基,并用生石灰和茶麸杀菌,使鱼类有一个良好的生长环境。

二、选择优质鱼种。俗话说:"种好半塘鱼",优质鱼种对养鱼的效益起着关键作用。因此,要选择发育良好、色泽光亮、体质健壮、游动活泼、溯水力强且体表鳞片完整无损,没有鱼病寄生虫的鱼进行放养。

三、做好鱼种消毒。要通过对鱼种进行消毒切断病原体传染,预防鱼病。鱼种下塘前,要用漂白粉或硫酸铜对鱼进行浸洗。用4%的食盐水溶液浸洗鱼体同样也能起到好的消毒效果。

四、适时放养鱼种。应选择晴天气温高时进行鱼种放养,切忌雨雪刮风天气放养。放养地点应选择在避风向阳处,将盛鱼种容器放入水中,使其慢慢倾斜,让鱼苗自行游入池塘中去。

五、合理搭配鱼种。根据池塘条件和养鱼方式确定各种放养鱼种的搭配比例,充分发挥鱼类间的食物链作用,合理利用水体中的天然饵料和人工饲料,提高养殖效益。

六、做好鱼种开食。鱼种苗下塘前7天要亩施250公斤~350公斤发过酵腐熟了的人粪尿;或亩放尿素2.5公斤、过磷酸钙5公斤,培育浮游生物,使鱼种落塘后有充足的天然饵料摄食。鱼种放养后要及时投喂营养全面的人工配合饲料,以增强鱼种体质,加速其生长。

七、日常管理很重要。俗话说:"三分种,七分管",日常管理工作是夺取高产,取得良好经济效益的保障。因此,要坚持定时、定位、定质、定量投喂,防止时饥时饱,投喂不足。要搞好水质管理,水质要新鲜、无污染、溶氧量足,养殖过程中水体要保持肥、活、嫩、爽。每半个月用适量生石灰化水洒池,以调节水质,增强水体的缓冲能力;或用适量漂白粉消毒杀菌。如果出现寄生虫,可用一定剂量的硫酸铜与硫酸亚铁混合化水泼洒,给鱼类提供一个良好的生态环境。

招式 50　梅雨季节如何管好鱼塘

梅雨季节,天气变化无常,雨量充沛,对水产的养殖有很大影响。

广大养殖户只有加强养殖管理与病害防治,才能使鱼安全度过高产期。

首先,要科学调控水质。梅雨时期鱼类摄食量增加,排泄物的增多容易引起水质恶化,造成缺氧。因此,这一时期水质的调控尤为重要。1、定期加注新水,在池水恶化较严重时,要采用换水措施,保持良好的水质条件。以养鲢、鳙鱼为主的池塘,水色应保持草绿色或茶褐色,透明度为20厘米~30厘米;以养草、鲤鱼为主的池塘,水色较鲢、鳙鱼池塘水色淡些。包括梅雨期在内整个夏季鱼塘应尽量保持最高水位。2、使用增氧机,一般可在雨后晴天的中午2时~3时开机增氧,有浮头危险时也可适时开机增氧。3、药物增氧。可用生石灰定期调节水质,一般每半月按每亩用生石灰15千克~20千克化水全池泼洒一次。在鱼类发生浮头时,亦可选用增氧剂等相关药物予以增氧。4、严格预防缺氧。应及时清除池塘或饲料台上的残饵、污物,防止水质污染。

其次,要科学调整投喂。6月份以后鱼类生长最为旺盛,饲料效率高,但梅雨期天气变化对鱼类的进食有很大影响,应进行科学投喂。投饵量应根据天气、水质及鱼类摄食情况灵活掌握。久雨时水体溶氧条件差,鱼类进食有所减少,此时若大量投喂,既浪费饲料,又因剩料过多败坏水质,诱发病害。因此,投喂应控制在正常投喂量的70%,天气略好、水质清新时可适当多投。在闷热天气时,应再进一步减少投喂量,或适当停食。投喂时讲究粗精搭配。精饲料要求营养全面充足,青饲料要适合鱼类口味,无毒无害,避免投喂霉变饵料。

再次,综合防治鱼病。梅雨季节各种病菌繁殖加快,对池塘鱼类威胁较大。久雨后,鱼类抵抗力较差,在气温、水温下降,雨水增多的情况下,许多鱼塘病害频发,鱼、虾、蟹死亡率较高,养殖户损失较大,应加强病害综合防治工作。1、在梅雨季节来临前,应加强池塘的病害防治工作,防患于未然。在天气晴好时,可使用杀虫药全池泼洒一次,以杀灭水体及鱼体的寄生虫,隔2~3天再使用杀菌消毒药物全池泼洒,防止有害病菌的滋生。同时,也可在饲料中添加中草药或杀菌消毒药物制成药饵投喂,预防病害发生。2、综合防治。梅雨季鱼类主要病害为暴发性出血病、孢子虫病等。发生暴发性出血病时,病鱼体表或鳃丝上如果发现寄生虫,首先杀虫。同时进行水体消毒,或内服抗菌药饵进行防治。病情稳定后用适量生石灰将池水调成弱碱性,以利于鱼类生长。发生孢子虫病可采用盐酸氯苯胍0.5‰~1‰制成药饵喂鱼,每天一次,连用3天为一个疗程,注意药物和饵料一定要混合均匀。

最后,要加强养殖管理。加强巡塘和值班,密切观察鱼类的情况,若发现鱼浮头应及时注入新水和开启增氧机。此外,梅雨季节饲料、鱼药、肥料等投入品极易发生霉变。因此饲料、鱼药等在运输中要防止雨淋或人为弄湿,以免成分溶解散失。这些投入品应保存在干燥、通风的地方并注意保质期。不可图便宜使用过期的配合饲料或药物。

招式 51 夏季高温养鱼四点需牢记

俗话说:"鱼长三伏,猪长三秋"。进入夏季,鱼类到了暴食旺长阶段,这个阶段要想办法让鱼吃好吃饱。可是,持续的高温会使鱼食欲减退,不利于鱼的生长繁育。因此,这个时期的池塘管理显得尤为重要。管理得当,稳产、高产将不是空话;管理不当,产量得不到保障暂且不说,甚至还有失败的可能。

有四点需记牢。

第一、调节水质。人们常说:"养好一塘鱼即要养好一塘水",高温季节,由于投饲量大,鱼类的排泄物也多,极易造成水质变坏产生有毒气体,造成池水缺氧,引起泛塘死鱼事故。因此,有条件换水的,要根据水体颜色和透明度,适时排出适当的老水并注入新水;对于pH值偏低的池塘,要用生石灰溶液全池泼洒,改善水质。施肥时应尽量使用无机肥或微生物制剂,少用或不用有机肥。

第二、科学饲喂。当水温在20℃~28℃时,鱼体生长最为旺盛,饲料效率最高,应抓紧时机进行强度投喂,要做到:1、选择新鲜饵料。不能用腐败变质饵料投喂,要使用小杂鱼虾等鲜料。投喂前要用适量二氧化氯或高锰酸钾浸泡进行消毒杀菌。2、天气晴朗时,水中溶氧量高,鱼群摄食量大,可适当多投;天气闷热时,水中溶氧量低,鱼群摄食差,残饵易腐败变质,应少投或不投。3、水质清爽时,鱼群摄食旺盛,可多投;水质不好时,应少投或不投。

三、防控疾病。夏季是鱼病的流行季节,易发生细菌性病如烂鳃、肠炎、赤皮等病。要做到"以防为主、以治为辅,无病先防,有病早治";要保持鱼塘清洁,若发生鱼病,应该及时将死鱼捞出,以防病菌传染和水质恶化,并正确诊断,及时治疗,遇到疑难杂症,要及时向水产技术部门咨询。

四、谨慎捕鱼。夏季捕鱼要注意几点:1、拉网时要小心谨慎,以免造成鱼类伤亡。2、起捕后要及时调节水质,避免发生鱼病。3、起捕应在早晚天气凉爽时进行,不要在天气闷热及中午水温高时起捕。

招式52　秋季养鱼四法

秋季是池塘水温一般在20~30℃之间变化,适宜鱼生长,是养鱼的好时期。在这一季节里,"四法"让你增效益。

一、加满塘水。所谓"深水养大鱼",要使鱼类生活在一个空间宽敞、天然饵料丰富、溶氧充足的良好生态环境中。

二、适时增氧。秋天有"一天一昂"之说,水质较肥的鱼塘,应注意防止泛塘。要在晴天午后和后半夜,打开增氧机增氧,调匀上下水层的溶氧,防止夜间缺氧。

三、投足草料。充足的草料可促进鱼类的生长。要根据天气、水质和鱼的吃食情况,灵活掌握投喂量和施肥量,谨循"量少次多,勤投勤施"的投喂施肥原则,让鱼吃饱吃好。

四、加强日常管理。实行早晚巡塘制度,密切注意天气和水质的变化,观察养殖对象的摄食和活动情况,及时清除残饵和病死鱼等。坚持"以防为主,防治结合"的原则,定期科学用药预防疾病。

招式53　冬季如何进行反季节养殖

进入冬季,水产养殖到了最清闲的季节。但这并不是说冬季的工作并不重要,养殖户在修整鱼塘的同时,可以进行反季节养殖。

第一、整修池塘。要及时清除干涸池塘里过多的塘泥,该加固、补漏的应进行冬修,之后再进行彻底的清塘消毒,可用生石灰全塘泼洒。

第二、进行反季节养殖。有些鱼类适宜冬季养殖。如:鳜鱼、加州鲈鱼、沟鲇等。

1、鳜鱼：鳜鱼又叫桂花鱼，其肉质鲜美爽滑且无细骨，体高而侧扁，背部隆起，肉质丰厚。鳜鱼无论是在0℃以下还是在33℃以上都能生存，是最适宜冬养的鱼类之一，也是反季节养殖的最佳品种。养殖方法：采购7~10厘米长的鱼苗放养，每亩放养1500尾左右。鱼塘水质要清新，水深保持在1.5米左右。每天投放饲料鱼3~5公斤，随着鳜鱼不断长大，饲料鱼也要不断增加。由于鳜鱼专门捕捉活鱼为饵，如果同塘放养鱼的个体大小差异较大的话，会引起自相残食，因此要分类分塘放养，把250克以内的中小鳜鱼养在一起，每亩放养300公斤左右，同时要科学投饲，轮捕轮放，捕大留小，均匀上市，以提高养殖效益。

2、加州鲈鱼：加州鲈鱼又叫大口黑鲈，生长速度快、适应性广、养殖周期短、肉质好、抗寒能力强，病害少，是适宜冬季养殖的优良品种。每亩可放养5~7厘米长的鱼苗2000~2500尾，并配养30~50尾鲢鱼，以净化水质。饲料以鲜活野杂鱼为主，每天上午10时和下午5时各投喂1次。在饲养管理中，要坚持早晚巡塘，并定期加注新水，以促进其食欲，防止其浮头。

3、沟鲇：这是一种生长快、个体大、食性广、产量高和抗病力强的良种鱼类，养殖两三年后，个体最大可达5~6公斤，其肉质细嫩、味道鲜美。沟鲇具有杂食性，幼苗时以食棱角、棱足类浮游动物为主，成鱼以食底栖生物、小杂鱼、藻类为主，也可投喂人工配合颗粒饲料，每天投饲两次，上午9时和下午5时各1次。每亩可放养15~20厘米长的鱼种800~1000尾，配养鲢鱼苗100~150尾。

招式54 如何应对池塘"转水"

假如在养鱼过程中，碰到池鱼在前一天摄食良好，第二天早上却全部浮起来了，开动增氧机也无济于事，这很有可能就是池塘"转水"了。

所谓"转水"，就是指池水溶氧量低，有害气体和物质积聚太多，引起池鱼长时间浮头的现象。产生转水的原因有：一是鱼塘中的浮游生物比例失调，水体中浮游动物过多，导致浮游植物被吞食至尽，于是出现了水体产氧能力极低。二是天气突变、施用药物等后，导致水体溶氧急剧下降，氨氮、亚硝酸盐过高。两者可通过镜检加以区分，前者可发现水体中有大量的轮虫、枝角类，后者没有。

通常,"转水"发生前有以下征兆:水体过肥,呈现浓绿、蓝绿和茶褐色,并在增氧机的作用下散发腥臭味,泛出大量泡沫;鱼吃食缓慢,食量减少。

假如发生"转水"应怎样处理呢?最直接有效的方法就是换水,应一边加注新水,一边抽出底水;对水源有限的池塘,可使用化学药物和物理办法调节水质。可用 2.5ppm "水清"等净水剂泼洒,把所有的悬浮物凝聚沉淀后,再抛洒"氯宝抛洒剂"或"轮虫必杀",杀灭水底层浮游动植物。因藻类的大量死亡引起的"转水":可将抗药型光合细菌和沸石粉混合剂、增氧剂联合使用。"转水"处理后必须施"肥水素"或"肥水先锋"等肥水,调节水体氮、磷比,降低水体中氮的浓度,使水体实现生态平衡。

招式 55 常备鱼药如何用

一、清池消毒药物

生石灰:塘里只需留水 6~9 厘米,每亩用生石灰 50~60 千克,溶化不待冷却全池泼洒,也可直接将灰粉撒入。在排水欠佳的条件下,可带水清塘消毒,每亩用生石灰 125~150 千克,7~10 天即可放鱼。

漂白粉:干水清塘消毒,塘水 6~9 厘米,每亩用漂白粉 5~7.5 千克。带水清塘,每亩用漂白粉 13.5 千克,3 天后即可放鱼。

氨水:池水深 6~9 厘米,每亩泼洒氨水 50~75 千克,1~2 天后放水进池,放水 2 天后即可放鱼。

二、鱼种浸洗药物

漂白粉:每立方米 10 克,浸洗鱼体半小时。

硫酸铜:每立方米 8 克,浸洗鱼体 15~20 分钟。

硝酸亚汞:每立方米 20 克,浸洗鱼体半小时。多在鱼种转塘分养时对鱼体进行消毒,以防止鱼把病原体带入鱼池。

三、防治肠道病药物

大蒜:将 1.25 千克大蒜兑上 0.2 千克食盐,搅拌后放进鱼饲料中连喂 3~6 天。

洋葱叶:将 2~2.5 千克捣碎的洋葱叶或洋葱头放入 5 千克鱼饲料中,拌合后连喂 3~5 天。

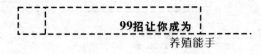

磺胺噻唑：病鱼第1天用量为每50千克鱼用5克，第2~6天减为2.5克。方法是把磺胺噻唑拌在面粉内，然后和草饲料拌和，稍干后投喂草鱼。

四、杀灭体外寄生虫药物

鲜辣椒粉：水深1米，每亩用250克鲜辣椒粉和适量干生姜片加水煮沸后全池泼洒。

敌百虫：全池泼洒，每立方米水用药1~2克。可杀灭鱼体外寄生的鞭毛虫、纤毛虫及吸管虫等。在鱼病流行季节之前，病原体开始繁殖生长时使用，防病效果最好。

五、抗菌药物

红霉素：草鱼患烂鳃病后，需用红霉素全池遍洒。次日再用此药粉拌饲料内服，第1天按每10千克鱼用0.4克，第2~6天用量减半拌饵投喂，连续6天为1疗程。

金霉素：在鱼种放养前金霉素溶液浸洗半小时进行杀菌。对一些病菌引起的鱼病如白皮病治疗效果较好。

第二节 5招教你养好虾

虾养殖是高风险产业，每一个养殖环节都充满风险。从水质的保护和低质的改良，从虾种的放养到饲料的投喂，从疾病的预防到病症的治疗，都需要养殖户做到心中有数，经验丰富。因此，立志于养虾致富的农民朋友应该努力学习，科学养虾，依靠科学和勤劳致富。

招式56 龙虾养殖四法

龙虾如何饲养才会得到较好的收益，下面介绍四种方法。

第一，营造良好的龙虾生长环境。龙虾与蟹相似，掘洞穴居。根据龙虾的习性，可在河塘边加设50厘米高的防逃网，防止龙虾外逃。同时河塘模拟自然条件下龙虾的生态环境，池边沿种植10~15%的水草、隐蔽物，营造龙虾栖息和脱壳的环境，减少相互残杀。

第二、合理调节水质。水质的好坏直接影响到龙虾的健康生长和发育，因此，在养殖过程中，要经常加注新水，定期泼洒生石灰溶液，调节水质，防止病害发生及脱壳不遂等。

第三、科学投喂饲料。龙虾在饥饿和食料不足的情况下，会自相残杀，因此投饲量一定要充足。龙虾的饲料是动植物饲料。植物性饲料为小麦、水草、菜籽饼等，动物性饲料为杂鱼、杂肉以及畜内脏等。平时还要根据龙虾昼伏夜出的生活习性和饲养密度来确定投喂时间、投喂量及投喂方法。否则，会增加饲料成本，降低养殖效益。

第四、适时捕捞。在龙虾养殖过程中，在温度适宜、饲料充足的情况下，幼虾一般60~90天即可长到商品规格。3月份放苗，6月左右开始轮捕，卖大留小。捕大留小、轮捕轮放，可提高回捕率，卖出好价钱，达到高产高效的目的。

招式57　南美白对虾养殖方法

南美白对虾的养殖一直是水产养殖的热点，下面我们将对虾养殖方法介绍一下：

第一、清除野杂鱼，减少争食者。池内的野杂鱼和杂虾会同南美白对虾争食饵料，因而应注意将其清除。方法是放苗前进水20~30厘米，每亩用生石灰150千克化浆后全池泼洒进行彻底清塘消毒，杀灭池生野杂鱼。进水时加过滤网袋，防止野杂鱼类随水入池。

第二、保持水质清新。南美白对虾喜清新的水质，一般要求水呈黄绿色，溶氧4毫克/升以上为好。常用的水质调节办法有：勤换水、定期泼洒生石灰、安装增氧机、使用光合细菌调节等。

第三、合理饲饵料。首先要选择正规厂家生产的南美白对虾专用饲料，饲料配方合理，保证对虾生长迅速，避免饲料的浪费。不要采用其他虾料来替代。其次，养殖前期要注意施肥，培育起有益于虾生长的生物群落，这样可少投饵或不投饵，随着基础饵料的消耗，可投喂一些无病原体的鲜活饵料及幼虾专用配合饲料，然后逐渐过渡到投喂南美白对虾专用饲料，这样可节省部分饲料。再次，养殖后期当虾病暴发期过后，可根据当地饲料来源情况投喂一些鲜活饵料，以节约饵料成本。但要注意饲料一定要新鲜，不腐败变质。

第四、掌握好投饵技巧。1、要依对虾的摄食习惯及生长特性，坚持少量多次的原则。2、掌握适宜的投喂量：投饵量的多少较难掌握,过多造成饲料浪费,过少则虾吃不饱,不利于生长。比较切实可行的办法是搭设饵料台,将饵料沿池均匀泼撒,投喂 1.5~2 小时后检查虾的摄食情况,若饱胃率占 60%~70%,则投喂合理,饱胃率过高则降低投饲量,过低则提高投饲量。3、根据虾的生长情况及有无疾病灵活掌握投饲量。虾生长旺盛、无疾病时适当多喂,反之则少喂；虾大量蜕壳时少喂,蜕壳一天后多喂。4、根据水质情况投喂。水质清新,溶氧充足时可正常投喂；水质较差,溶氧较低时则少喂或不喂。5、根据天气情况进行投喂。天气晴朗时多喂；阴雨连绵,天气闷热或寒流侵袭时少喂或不喂。

招式 58　如何养好斑节对虾

斑节对虾肉质鲜嫩,营养丰富,养殖利润可观,已成为许多国家和地区的重要养殖对象。其喜栖息于沙泥或泥沙底质,一般白天潜底不动,傍晚食欲最强,开始频繁的觅食活动,贝类、杂鱼、虾、花生麸、麦麸等均可摄食。

那么,如何养好斑节对虾呢？下面向广大养殖户介绍几个关键技术。

第一、要建设好虾池。应选择风浪小、潮浪畅通、滩涂平坦、水质清澈的附近海域建设,以沙质底最好,沙泥底质次之。池底要平坦,排水闸底低于池底 30 厘米~40 厘米,便于排干池水。每口虾池都要有独立进、排水闸门。有条件的地方,可按养虾池面积的 1/3~1/2 建设蓄水沉淀池。

第二、要进行清塘消毒。虾塘的清淤晒塘是健康养殖的主要环节。新建虾池,应打开闸门让海水进出冲洗,使池底 ph 值稳定在 7.5 以上才能放苗养虾。放养前 20 天左右,使用药物进行清塘消毒。

第三、准备基础饵料。虾苗主要以枝角类、桡足类、硅藻等浮游生物为食,所以培养好基础饵料生物是提高虾苗成活率和生长速度的一个重要技术措施。施放茶麸 2~3 天后,进水 80 厘米~100 厘米,每亩施放尿素 2 公斤,磷肥 0.2 公斤,以后每隔 3~4 天追肥 1 次,用量减半,使池水透明度达到 40 厘米~60 厘米。ph 值在 8.0~8.5 之间,水色为黄绿色或绿色,肥水 6~10 天后即可放苗。

第四、投放虾苗。要求虾苗大小均匀、健壮、活力强、游泳能力好、体表光洁,体长 1.2 厘米以上,第一触角的前端分叉呈 v 字形的两条小触须经常并拢、体节疏而长。要选择晴朗天气,水温25℃以上时放苗。放苗时,先把苗袋放入池内浸20分钟,使袋内水温与池内水温接近,在上风处水较深的地方顺风放苗。放苗密度要根据虾池的条件、水域环境和管理水平等来确定。

第五、科学投饵。根据对虾的生活及生理需要进行投饵。虾苗入池两天后,可投放适量的饵料,以弥补基础饵料的不足。投喂采取少量多次,日少夜多,均匀投撒,合理搭配,交替使用,先粗后精的方法,提高饵料的利用率和对虾的成活率,促进对虾生长。

第六、日常观察和管理。每天观察对虾摄食活动及生活环境的变化情况,观察水体和池底颜色、气味,检查活动状态和摄食情况,检查堤基是否安全,闸门是否渗漏,网具是否破损,对虾是否发生病害等。发现异常情况,应及时采取相应的管养措施。每隔15天测定对虾的成活数、体长和体重,观察对虾蜕壳生长是否正常。购置比重计、温度计、测氧仪等水质监测仪器,测量池水水温、比重、ph值、透明度、溶解氧等理化指标,并做好记录,以便监控调节水质。有条件的虾场,可使用水车式增氧机增氧,使养虾获得高产、高效。

第七、防治病害。放苗前要彻底清塘消毒。养殖期间要定期泼洒适量强氯精或漂白粉溶液,对池水消毒杀菌,还可以定期施放沸石粉以净化水质和底质。

第八、适时收获。到了养殖后期,由于池底积累残饵、虾排泄物的污染越来越严重,池虾会患病或因缺氧而造成损失。因此,斑节对虾养殖80天~100天,平均每公斤虾40尾~60尾,90%以上达商品规格时就应收获出售。常用收获方法是使用锥形网袋排水收虾或电推网与装捞相结合收虾。

招式59 如何在稻田里养青虾

稻田养虾,可以改善稻田生态环境,增产增收,很有发展前途。青虾具有浅水性生活的生物学特性,适合在稻田中养殖。现将有关技术介绍如下:

第一、选好田地,开好虾沟。养虾的稻田要求水质清新、水位稳定。为此,要选择那些水质无污染,水源充足,能够保水、保肥,交通比较便利的稻田。经过翻整耙平,可在田的一头开挖2米宽1米深的虾沟或在田四周及田中间开成宽1米、深0.8米的虾沟。疏通进排水系统,确保排灌自如。

第二、稻田清整,彻底消毒。在虾苗、虾种放养前半个月,每亩泼洒75~

100公斤生石灰水进行消毒,清除野杂鱼类、泥鳅、黄鳝等敌害。

第三、适时放种,提高成活率。一般采用当年人工培育成的幼虾,选择阴雨天或晴天的早晨放养,要分点投放,使整个水域都有幼虾分布,避免幼虾过分集中而因缺氧引起死亡。放养时动作要敏捷,以提高幼虾放养的成活率。

第四、科学投饵,加强管理。放养幼虾后立即开始投饵,饲料以青虾专用饲料为好,粒径前细后粗,质量上前精后粗。每天投喂两次,以傍晚投喂为主,日投喂量可根据季节、天气和虾吃食情况,合理调整,使虾吃饱吃好,促进生长。

第五、定期换水,清除敌害。坚持定期换水,使虾沟内的水保持清新,即使在水稻搁田时也要保持虾沟内水位稳定,为虾生长提供一个好的生态环境。注意清除敌害,蛙、蛇、水老鼠等都会吞食虾,要采取有效方法及时消灭。

第六、适时收虾,留足虾种。青虾的生长常会出现较大的个体差异,平时应捕大留小,留足下年虾种,余者出售。这样的青虾生长快,规格齐,产量高,效益好。

招式60 常见虾病防治有方

一、白斑综合症。该病由病毒感染引起,虾发病初期摄食减少,在池边慢慢游动,多数虾壳变软,体色微红,蜕壳困难。

防治方法:该病无有效方法治疗,以预防为主,常用一些预防病毒的药物泼洒,同时投喂病毒灵、解毒灵之类的药物。

二、红腿病。该病由弧菌和气单胞菌引起,病虾附肢变红,特别是游泳足变红,头、胸、甲、鳃区多呈黄色,游动缓慢、厌食。

防治方法:用强氯精0.3克/米泼洒,一日一次连用2~3天。或用溴氯海因或二溴海因2克/米泼洒,一日一次连用2天。

三、红鳃病。该病又称烂鳃病,主要由水质污染、霉菌感染等引起。病虾鳃部变肿,呈红色或黄色,有糜烂现象。

防治方法:大量换水,每公斤饵料添加2g氯霉素或3g土霉素,制成药饵投喂5~7天,另用0.3~0.5mg/L富氯或1~2mg/L漂白粉全池泼洒。

四、黑鳃病。该病由弧状杆菌引起。病虾鳃部先由红色、棕色变成黑色,有的头脑和腹甲侧面均有黑斑,鳃丝坏死,呼吸困难,虾体消瘦,游动停滞而死亡。

防治方法：保持良好的水质，定期泼洒漂白粉、二氧化氯等含氯消毒剂；在饲料中加适量 Vc 或用氟哌酸、板兰根、病毒灵等药物拌饵喂虾；用鱼虾宁 0.3mg/L 全池泼洒一次，第二天上午换水二分之一，下午以同浓度鱼虾宁再全池泼洒一次；按每 2.5kg 饲料拌土霉素 3g 投喂 3 天。

五、霉菌病。该病由霉菌寄生引起，主要危害幼虾。病虾开始时在尾部及其附肢基部有不透明的小斑点，继续扩大，严重时遍及全身而致虾死亡。

防治方法：1、施用 0.006mg/L 孔雀石绿进行全池泼洒，24 小时后换水。2、用 0.5~0.7mg/L 高锰酸钾全池泼洒，1.5~2 小时后大量换水，排出被氧化的污物后，再施 0.006mg/L 孔雀石绿，24 小时后换水，连施 2~3 次。

六、蜕皮障碍症。该病主要是由于饵料和水中缺乏钙、铁等元素以及体表附有大量附着性生物导致。病虾体呈褐色，无光泽，体表常有大量原生动物或藻类附生，甲壳较硬，表面粗糙，并有双层壳的感觉。

防治方法：改良水质与底质，多喂新活饵料，在饲料中添加 1.5%的蜕皮促生长素；全池泼洒 10mg/L 茶饼浸液或适量生石灰。

第三节　5 招教你养好蟹

招式 61　教你建造蟹种培育池

养殖户要根据蟹的生活习性建造适宜蟹生长的培育池。要选择接近水源，水质良好，水量充沛，且排灌方便的田块进行开挖和建设，要求整个池塘呈东西向长方形，四角略呈弧形，面积 1~5 亩为宜，以 1~3 亩为最适，水深 0.8~1 米，池塘四周坡面从池塘底部开始至池塘上口贴附规格为每平方厘米 30 目的聚乙烯网，防止幼蟹掘穴成为懒蟹，影响蟹种的成活率。池埂上方用硬塑料围成防逃设施，以防蟹种逃逸。池底留有淤泥或翻耕碎土层 3~5 厘米，便于种植水草，以模拟自然生态环境。蟹苗下塘前，还应在池塘四周水面设置水花生带，方法用绳、桩固定，宽度视池塘大小而定，一般 1 亩左右的池塘，保持 2 米宽的水花生带，2~3 亩的池塘保持 3 米左右宽度的水花生带，5 亩以上的池塘，应保持水花生带 4 米以上。除设置水花生带外，还应种植水草，方法是采用伊乐藻栽插，行间距1×1米。

招式62　蟹苗的选购和饲养

蟹苗的质量是影响蟹种培育成活率的主要因素，选购时要把握几个原则：看蟹苗个体大小是否一致；看蟹苗体色是否一致，呈黄褐色，具有光泽者为佳，颜色不一致或体色透明发白者为差；看蟹苗活动能力，用手抓取一把轻捏后放开，能迅速散开者为佳，散开慢者为差。

蟹苗下塘后3天内以红虫为主要饵料，若池中天然饵料不足，则应捞取红虫补充和增投鱼糜等人工饲料，增补量为蟹苗重量的150%。一期仔蟹后投喂鱼糜加熟的猪血、豆腐糜，投喂量为仔蟹体重的100%，每天分4次投喂，6小时投喂1次，傍晚1次占全天投喂量的60%，直至出现三期仔蟹为止。三期后，投喂量为蟹体重的50%，每天分2次投喂，至蜕变为四期仔蟹。此后投喂量减少至蟹体量的20%，同时搭配浮萍等水草，直至蜕变为五期仔蟹为止，投饵方法为全池均匀投喂。五期仔蟹以后，每日投喂一次，以植物性饲料为主，投喂量为蟹体重的5~8%，直至长成每公斤160~200只的大规格蟹种。

招式63　三种方式养成蟹

成蟹的养殖方式主要有池塘养殖、湖泊网围养殖和稻田养殖三种。

第一、池塘养殖。池塘养成蟹是近10年才发展起来的河蟹养殖形式，它的特点是可人工控制养殖的全过程，回捕率较高，经济效益可观。池塘养蟹的养殖方式又可分为二种，一是单养，二是混养。单养即单养河蟹，只放蟹种，不放养鱼、虾等其他养殖品种。一般亩产成蟹50~75公斤；混养即以河蟹为主，混套养青虾、鳜鱼等鱼类，一般亩产河蟹60公斤左右、青虾20~30公斤、鱼类80~100公斤。

第二、稻田养殖。利用稻田饲养成蟹，使稻禾和河蟹在同一环境中共生，达到充分利用资源、减少病害、提高稻谷、河蟹商品质量和种养经济效益的目的。稻田养蟹只需在田间开挖养殖沟，在稻田四周建好防逃设施即可养殖，饲养管理措施同池塘养蟹。

第三、湖泊网围养殖。湖泊网围养蟹是在网围养鱼基础上发展起来的河蟹养殖方法。随着养蟹业的深入发展，湖泊围网养蟹以其饵料丰富、水体交换快、溶氧充足、病害少而得到迅猛发展。其技术内容主要是：在湖泊中选择水质良好、水草茂盛、水位适中的一片水域，用网片加竹桩固定，网栏成长方形或正方形，有一定的面积，根据河蟹的生长要求，种植水草、移殖螺蛳、投喂饵料，精心饲养管理。这种养蟹方式由于湖泊水体流动性大、水质好、河蟹活动范围广、天然饵料丰富，生产的河蟹一般规格大、品质好。

招式 64　如何促进河蟹蜕壳

河蟹的生长是伴随着蜕壳而进行的。因此，促进河蟹蜕壳在河蟹养殖生产中至关重要。

首先，要保持良好水质。水质应清爽，溶氧量高，水体透明。为刺激河蟹蜕壳，可以在河蟹蜕壳之前注冲新水。

其次，要保持水草覆盖面。水草表面和水草丛中，是河蟹蜕壳的最佳场所，为保护和促进河蟹蜕壳，河蟹养殖池应保持水草覆盖面积达 50~60%。

再次，要保持优质饵料。蟹体生长需要大量蛋白质、脂肪、碳水化合物、维生素，蜕壳时还需要大量的钙、磷、铁等营养元素和蜕壳素等，因此，在饵料中要富含这些营养成分，保持饵料质量，才能确保河蟹正常蜕壳。

最后，要积极预防疾病。由于池塘养蟹的密度一般较高，因此容易滋生疾病，一旦蟹生病，就不能顺利蜕壳，应该采取积极预防的措施。一是不投霉变饵料，保证饵料新鲜。二是及时捞取残渣剩饵，保持池塘清洁；三是经常使用消毒剂杀灭病原生物；四是发现死蟹及时掩埋，切断传染途径。

招式 65　蟹病要早预防

由于蟹生活在水中，活动不易察觉，一旦生病，诊断和治疗都比较困难和麻烦，往往达不到较好的治疗效果。而疾病的发生，会严重影响蟹的产量和养殖户的经济效益。因此，在养蟹过程中，要切实做好蟹病的预防和治疗，实行健康养殖，追求好的养殖效益。

第一，要改善池塘生态条件。根据蟹的生态习性，营造一个适合蟹生长的水体环境，实行健康养殖，是做好蟹病预防工作基础和重点。在放蟹苗之前，要彻底清塘,用生石灰化水全池泼浇,杀灭淤泥中的病原菌;要种植水草、移殖螺蛳,达到净化水质,防止水质、底质恶化的效果;要定期对水体进行消毒,定期使用水质、底质改良剂等微生态制剂调节水质,抑制病原微生物。

第二、放养健康蟹种。要严格挑选,引种外表光洁、肢体完整、活动能力强、质量上好的蟹种进行放养;放养前要对蟹种进行消毒。常用消毒药物有高锰酸钾、食盐等,消毒方法是药物浸泡,浸泡浓度、时间为8ppm高锰酸钾溶液、4%食盐水溶液,浸泡5~10分钟。

第三、采用药物预防。大多数蟹病流行都有一定的季节性,掌握发病规律,及时准确地在蟹病流行季节前进行药物预防,可有效增强蟹的抗病力。饲料中添加的药物有:抑制病菌和杀灭病菌的抗微生物药;增强食欲、促进消化吸收和提高机体免疫力的中草药等。可将药物和饲料充分搅拌,制成颗粒状药饵,投喂5天一疗程。外用药物有:氯制剂、溴制剂、碘制剂等,用水稀释,全池泼浇。

温馨提示

盐是人类的必需品,是人体机能得以维持的支撑剂。盐在水产养殖中同样也发挥着不可或缺的作用,它不仅可以在水产养殖中作为消毒、杀菌和杀虫剂,还可增加水中溶氧,在防病、治病方面有显著效果。

一、预防疾病。防浮头:每亩用2.5~5.0公斤盐溶于少量水后全池泼洒。防霉病和细菌性鱼病:入冬前,对越冬鱼池按每亩水面洒食盐50公斤左右,可有效预防来年开春后这两种病的蔓延。

二、治疗细菌性鱼病。每500公斤鱼每天用盐、大黄、蒜各500g,连喂7天,同时配合外用杀菌消毒剂可有效治疗肠炎病、烂鳃病等细菌性鱼病,严重时可连用两次。

三、治疗水霉病。越冬鱼种或成鱼常因鱼体受伤在早春或冬季水温较低时患水霉病,可用3~5%食盐水浸浴10~15分钟,或全池遍洒食盐和小苏打各500g/立方水体。

四、治疗爆发性出血病。每500公斤鱼用食盐、大黄、黄柏、黄芩各500g,连喂3~5天,同时配合外用药连用两次。

五、治疗气泡病。可将原有的池水排出三分之一,再注入新鲜清水,然后以1ppm的水体浓度全池遍洒食盐盐水,连用2~3天即可治愈。

第四章
18招领你走上特种养殖致富路
shibazhaolingnizoushangtezhongyangshizhifulu

第一节　7招教你养特畜
第二节　4招教你养特禽
第三节　4招教你养特种水产
第四节　3招教你养特种昆虫

99招让你成为
yangzhinengshou

近年来,伴随着畜牧业的长足发展和人民生活水平的不断提高,特种养殖行业在农村新兴起来,成为农民朋友发家致富的新门路。然而,特种养殖顾名思义,包含了特殊品种和特殊生长条件这两层意思,这就要求养殖户要充分考虑到品种的特殊性和其对环境、地域等的特殊要求进行养殖,切不可盲目跟风。谨慎的投资和合时合地的精心选养,才能规避风险,保证特种养殖的品质,得到预期的收益和回报。

行家出招:66~83

第一节　7招教你养特畜

招式66　如何养好肉兔

肉兔,又称菜兔,富含蛋白质和多种维生素,特别适宜老人、小孩食用,市场需要量逐年增加,有良好的经济效益。要想养好肉兔,需要注意以下几点。

第一、选用优良品种,发挥杂交优势。可选用新西兰兔、比利时兔、青紫兰兔等优良品种,这些品种具有抗病力强、生长发育快、适应性广、出肉率高等优点。养殖户可以用这些引入的高产品种和本地的母兔进行杂交,其杂交一代兔抗病力强、耐粗饲、杂交优势显著、便于饲养管理。

第二、坚持自繁自养,适时混群合养。为了有效地控制病菌传入和降低养殖成本,兔场应饲养足够的种兔坚持自繁自养,这样一来,能保障兔子体质健康,尽快熟悉生活环境,有效避免新购兔仔因环境突变发生应激反应而导致生长停滞的现象。如果确实需要购入新兔,则须隔离观察半个月以上,确诊无病后方可混群合养。

第三、科学饲喂,防止中毒。喂兔搭配多种饲料,可增强兔的食欲,促进兔的生长发育。冬春季缺乏青料时可用草粉拌玉米、小麦、豆饼等精饲料。夏秋季节主要以青饲料如青草、蔬菜作物秸秆、树叶、优质牧草、地瓜、萝卜等为主,再搭配一定量的精饲料。不要给兔子喂发霉变质饲料、露水草和带泥浆的青饲料,以免引发疾病。不能用玉米苗、高粱苗、土豆芽、蓖麻叶等有毒植物喂兔,以防兔子中毒。若发现饲料中毒,应立即停喂原饲料,并用0.1%的高锰酸钾溶液或生理盐水20~30毫升洗胃,灌服1%~2%的硫酸铜溶液10毫升催吐，催吐之后内服硫酸镁 3~10 克，以便下泻排毒。

第四、搞好兔舍清洁卫生，做好消毒。兔舍要经常保持清洁干燥，并定期对笼舍、用具、运动场及周围环境进行刷洗、清扫、消毒。可选用 0.2%~0.5% 的福尔马林溶液、10%~20% 的石灰水或 1%~2% 的氢氧化钠溶液进行喷洒消毒。

第五、注意疫苗接种。兔瘟是一种严重危害兔子健康，给养兔业的发展带来巨大损害和障碍的烈性传染病，该病目前尚无特效疗法，只能靠接种疫苗来解决。其方法是：在成年兔股内侧皮下注射兔瘟疫苗药液 1 毫升，3 月龄内仔兔 0.5 毫升，免疫期为半年。同时还要防兔出败病，可按每公斤体重肌肉注射 0.5 万~1 万单位链霉素分 2 次注射，连注 5 天。

招式 67　如何做好家兔的四季繁殖

家兔配种无明显的季节性和时间性，一年四季都可以进行繁殖，但不同季节的温度、日照、营养状况等的差异，对母兔的发情、受胎、产仔数和仔兔成活率等都有一定的影响。为此，科学合理地安排好家兔的四季配种繁殖，对提高其繁殖效率十分重要。

春季温度适宜，阳光充足，饲料逐渐丰富，是家兔繁殖的最好季节。这一时期母兔发情比较集中和频繁，性机能表现得最为旺盛，配种受胎率高，产仔数多，因此要抓紧时间配种，保证繁殖两胎。

夏季气候炎热，温度高，湿度大，不适合家兔配种繁殖。这一时期因为高温影响，家兔的采食量减少，体重下降，母兔性机能不强，配种受胎率低，产仔数少，公兔的精液品质明显降低，因此建议暂停配种繁殖。

秋季气候温和，饲料丰富且营养价值较高，家兔体质开始恢复，公兔性欲渐趋旺盛，精子活力增强，密度增大；母兔发情旺盛，配种受胎率较高，产仔数多。因此要合理安排，进行繁殖。

冬季天气寒冷，温度较低，日照时间短，青绿饲料缺乏，营养水平下降，母兔体质瘦弱，公兔性欲不强。这个季节如有较多的青绿饲料供应，又有良好的保温设施，仍可获得较好的繁殖效果。一般冬季配种繁殖的仔兔体质较为健壮，毛绒茂密，抗病力较强。相反，冬季种兔如长期不配，则可能引起生殖机能障碍和性机能下降，影响春季的配种繁殖。

招式 68　蓖麻巧治兔病

治关节扭伤：蓖麻子 2 份，生葱头 1 份，共捣泥，敷患部。每日早晚各 1 次，敷药前先用生姜适量煎汁，洗净患部。

治胃肠炎：将晒干的大蒜、蓖麻茎放在干净的器皿中，用火点燃烧成炭，研成细末后拌料内服。幼兔每次用 1.5~2 克，成年兔每次用 3~4 克，每天 3 次，连用 2~3 天即可治愈。

治疥癣：取橘叶、蓖麻叶、烟叶等量，加水 20 倍，水煮，取上清液备用。用 2% 的来苏儿清洗患部后用清水冲洗干净，擦干后涂抹上清液，每 3~5 天洗擦 1 次，2~3 次即可治愈。

治食盐中毒：蓖麻油 1 次内服 10 克，另用温水反复灌肠。

治便秘：取蓖麻油两匙加水喂给。

治肚胀：蓖麻油 15-18 毫升，加等量开水，一次灌服。

治疖肿疼：蓖麻子仁 3 份，苦杏仁 5 份，松香 20 份，共捣碎，加菜油 50 份熬糊状，候凉后涂于患部，一日 2 次。

招式 69　如何饲养野生竹鼠

竹鼠体形小，繁殖力强，主要以竹的地下茎、根、嫩枝和地上茎等为食，已逐渐成为我国的一项新兴养殖项目。目前竹鼠种源紧张，价格较高，有条件的养殖户可到山区捕捉或到市场选购野生竹鼠进行人工驯养，创业致富。

驯养野生竹鼠可按如下步骤进行：

一、环境营造。要尽量模拟野生竹鼠原来的生活环境，如将养殖场建在有竹、果林等环境清新、凉爽的地方，使养殖环境接近野生竹鼠生活的自然环境，增强野生竹鼠的适应能力。

二、检验疗伤。从野外捉回或从市场上选购的野生竹鼠，应仔细检查是否有外伤，并根据伤势轻重区别对待。轻微外伤涂以碘酒防感染即可，伤重者排出脓水后，用消炎水洗净伤口，涂碘酒后再撒上消炎粉。

三、驯食饲喂。野生竹鼠野性很强，对生活环境的突然改变有一个应激的反抗过程，需要慢慢适应新的环境。因此，必须将刚捕捉或刚收购的竹鼠单独

关到幽静的窝室,少刺激它。刚开始时不要投喂饲料,等竹鼠非常饥饿时再投喂少量多汁食物。投食时按其在野外的吃食习惯喂养,若无法了解其食性,可用各种野生食物分别投喂,如嫩竹枝、竹笋、野生芒草、茅草根,逐渐过渡到人工栽培的作物如甘蔗、甘薯、玉米等,最后过渡到配合饲料。

四、优化合群。野生竹鼠性情凶猛,生性孤僻,为了便于人工集约化管理饲养,必须将野生竹鼠优化组群。开始组群时,可按1公2母将体质健康、大小一致的竹鼠放到同一窝室合群。第一天合群时要密切注意观察合群的反应。如发现竹鼠打架要立即捉出,再用其他竹鼠配组,直到它们不会打架为止。另外,在合群时可放一些嫩竹枝给竹鼠啃,以分散其注意力,让同一窝室的竹鼠尽快相互熟悉各自的气味。经过这样驯化,只要几天时间,同一窝室的竹鼠便可和睦相处了。野生竹鼠经1~2个月驯养,会慢慢温顺起来,饲养人员容易接近。这时,还可根据需要,重新优化组群,提高竹鼠的繁殖率。

招式 70 香猪养殖六要点

香猪又名"迷你猪",其中以来自"中国香猪之乡"贵州黔东南地区的剑白香猪、从江香猪和靠近贵州黔东南地区广西的巴马香猪最为著名。香猪具有容易饲养,饲料报酬高,销路好等特点,是广大农民朋友脱贫致富的好项目。

香猪的具体饲养,有以下要点:

第一、建好猪舍。应该尽量选择地势干燥、平整且背风向阳的地方建造猪舍。猪舍的形式采用单列式或双列式均可,但必须用砖石砌墙,水泥抹面,以便冲洗打扫,保持猪舍清洁。小香猪的猪舍应比一般猪舍建造高一些。每头小香猪应占地 0.8 平方米,每个圈养 8 头~10 头为宜。猪舍外应设排粪场,夏天猪舍要搭遮荫的凉棚。冬天要用塑料棚以提高室温,这是养好小香猪的一个重要条件。

第二、严格选择猪种。引种时应该严格考察猪种的外貌、生长发育、血统、有无遗传缺陷等方面的表现,要求品种特征明显,繁殖机能旺盛。

第三、强化哺乳仔猪管理。为了提高成活率,使香猪成为商品猪,关键要饲喂好仔猪。当小香猪出生后,要固定好母猪的乳头,让仔猪吃好初乳,并加强保温,让其早开食,一般出生 4 天后就可补喂精饲料,一月龄后就要及时注射猪瘟、猪丹毒、猪肺疫疫苗。

第四、科学饲养成猪。小香猪活泼好动，却又胆小怕惊吓，因此要保持安静、干燥、洁净的饲养环境。以大麦、米糠、麸皮等饲料为主饲喂。但对断奶的仔猪要饲喂配合饲料，其饲料配方为：玉米10%，米糠50%，豆饼8%~10%，麸皮30%，面粉1%，食盐0.5%，每公斤饲料应含有消化能10.5兆焦，粗蛋白质16.2%。为了提高饲料报酬，尽快达到商品猪的标准，应实行科学饲喂，一是要定时，每日4餐，从早上7点开始，每隔4小时喂一次；二是定量，对体重20公斤以上的猪，按其体重的4.5%投料，20公斤以内的猪按其体重的3.5%投料。同时做到前敞后限，即2月龄让其多活动，促其长架子，2月龄后，限制其活动，促其长膘，以保证较高的出肉率。

第五、加强卫生管理和防疫。要每天清扫香猪舍，保持清洁，做好灭蝇、灭鼠、灭蚊工作。培养香猪定点排便的习惯，并将香猪粪集中在化粪池内进行生物发酵消毒。炎热的夏季，要及时补充清洁的水，使香猪能在水中降温；冬季要注意定期换垫草，同时要做好通风换气，使环境干燥。要经常刷洗食槽、水槽，定期消毒猪舍。

第六、适时出栏：当仔猪被饲养到5~7周龄后，就可以作为烤猪原料上市了，此时应及时出栏，如果出售种猪，则按规定时间出栏即可。

招式 71 如何饲养野猪

野猪肉质鲜嫩、瘦肉率高、营养丰富、富含蛋白质、不饱和酸和17种氨基酸，是餐桌上的美味佳肴。但近些年来，随着自然环境的恶化和人类对野猪滥捕滥猎，导致野猪数量锐减。在这种情况下，人工饲养野猪，既能保护野生动物资源，又能满足市场需要，是一条农民发家致富的好路子。

那么如何饲养野猪呢？

为了方便驯化，养殖户最好买来小型野猪进行饲喂。可将一多半野猪和一少半家猪混群饲养。因为在这样的环境下，幼野猪与同等月龄的家猪会很快合群，让家猪带着幼野猪活动和采食。野猪是一种杂食性动物，一般仿照家猪日喂2次。因其野性习惯，善于采吃生食，嫩玉米、红高粱、冬瓜、土豆、地瓜、花生秧、地瓜秧、谷穗、南瓜、茄子等都是它喜欢吃的食物。刚开始家养时，应配合主食饲喂。一个月后，喂一半生食，另一半喂家猪的饲料，如玉米面、麸皮、豆腐渣、粉渣，加入适量食盐，待野猪基本适应了圈养环境后，用饲喂家猪的配合饲料喂野猪即成。

在养殖过程中,养殖户需要注意几个关键问题。

一、饲养问题。野猪的攻击性很强,在饲喂饲料或打扫圈舍卫生时,要特别注意安全。不能像饲养家猪那样全程使用全价配合料或高能量高蛋白饲料饲喂,以免喂得过肥。野猪全过程都必须饲喂生饲料,不要饲喂熟饲料。

二、疫病防治。野猪家养之后,生存环境和食物结构都发生了重大的变化,常常会接触到家猪等动物,其抗病能力会逐渐降低而染疫机会却在增多,因此需要打好预防针以预防传染病的发生。

三、做好驯化工作。饲养人员要利用给野猪饲喂料食的有利时机与之建立和谐而良好的关系,为进一步的驯化打好基础。要建立野猪定时进食的条件反射,使其进食有规律。饲养人员长期的呼唤、亲密的接触,可消除野猪对人及其周围环境的恐惧感,有利于驯养成功。

招式 72　养鹿四要点

鹿全身是宝,鹿茸、鹿血、鹿鞭、鹿胎都是贵重的药材和高级滋补品,它具有适应能力强、生长发育速度快、容易养殖的特点,是一项周期短、见效快、效益高的致富好项目。

养鹿要做到以下几点:

第一、要合理地搭配词料。为了提高鹿的生产性能,应科学合理地选择优质饲料进行调制,最大限度的满足鹿对营养物质的需求,坚决不喂腐烂、发霉、有毒的饲料。鹿在不同时期,对营养的需求有所不同。如公鹿在配种期和生茸期间的营养需求要比母鹿多;母鹿在妊娠期、哺乳期营养需求更多。因此,在饲养过程中,应提前做好饲料的供应计划,保证能及时、科学、合理地搭配调整,取得良好的饲喂效果。

第二、饲喂要做到三定。定时:一般精料在生产季节每天喂 3 次,非生产季节每天喂 2 次。不论每天喂几次,每次都要相对地固定时间,不能早一顿、晚一顿。定量:精料、粗料,每天的数量都要相对固定,不能多一顿、少一顿。定质:饲料要尽量做到新鲜和多样化,绝对不能发霉、腐败变质、混有泥土或被污染。

第三、根据季节饲喂。养鹿生产中有极为明显的季节性,不仅表现在鹿的生产和营养需要的季节性上,饲料的来源、种类亦有季节性。鹿在不同的生产季节,其营养需要的多与少是逐渐变化的。因此,增减或变更饲料不能突然,要有三天或五天的过渡期。增加饲料要谨防加料过急而引起"顶料",减料时可适当加大幅度。鹿对采食的饲料具有一种习惯性。瘤胃中的微生物对采食的饲料也有一定的选择性和适应性,当饲料组成发生骤变时,不仅会降低鹿的采食量和消化率,而且还会影响瘤胃中微生物的正常生长和繁殖,进而使鹿的消化机能紊乱和营养失调。因此,变换饲料必须逐渐进行。

第四、供应充足的饮水。鹿场要尽量为鹿群创造自由随意的饮水条件,保证饮水的充足和清洁。冬季以饮温水为宜,防止水冻结。

第二节 4招教你养特禽

招式73 肉鸽喂养七要点

肉鸽个体较小,对外界环境非常敏感,如不注意科学饲养,容易发生死亡,影响成活率。要搞好肉鸽的饲养管理,需抓好以下几个方面。

第一、选好鸽场、建好鸽舍。应选择在没有病菌和废水、废气污染,地势偏高、排水良好、背风向阳、远离闹市区的地方建鸽场。鸽舍要采用砖木或土木结构,要干燥清洁,空气清新,光照充足,通风条件良好。

第二、控制好环境。春夏多雨季节应搞好鸽舍卫生,保证通风干燥,特别是巢盆下垫料切勿受潮;炎夏要防暑,注意通风换气。冬季应注意保暖,增加垫料,保证肉鸽腹部保暖不受凉。密封的鸽舍氨气味很浓,不利于鸽子健康生长,除在炉子上熬醋熏一熏,减轻氨水味外,还可以开窗通风;常用消毒液对鸽舍进行喷雾消毒,用生石灰铺撒地面消毒。

第三、科学饲喂。应多喂小粒饲料,增加绿豆和去壳小麦,减少有壳谷粒。各种饲料要浸泡软化后,晾干再喂,少喂勤添。产鸽饲料中应含有足够的蛋白质,饲养员一般以产鸽吃饱并将乳鸽喂饱为原则来供给饲料。青年鸽的饲料配方中应增加玉米、小麦、高粱等谷物。

第四、供水充足。夏天的饮水量要比其他季节多,笼养式肉鸽要比平养式肉鸽饮水量多。饮水器应做到洁净卫生,供水要保证干净无污染。

第五、增加光照时间。为了让小鸽子多多采食,快速生长,要适当增加母鸽喂乳鸽的时间,晚上最好在鸽舍内开几盏节能灯。

第六、定期洗浴。为防止鸽子受体外寄生虫的侵袭,刺激鸽子分泌生长激素,促进生长发育,可以对鸽子进行定期洗浴。

第七、做好疾病防治工作。尽量做到自繁自养;如果要从外面引进,那么必须经过严格的检疫和隔离观察;养鸽场不要混养其他家畜、家禽;注意搞好清洁卫生和定期消毒。若雏鸽易出现消化不良、咽炎和嗉囊积食等症,可在8日龄时每天喂给半片酵母片,同时每天早晚各喂给1粒保健砂。若雏鸽感冒,可喂适量感冒片金霉素,每天3次,3天可愈。若肉鸽患眼炎,可每天滴两三次氯霉素或金霉素眼药水。

招式 74　饲养斑鸠好致富

斑鸠体形似鸽,羽毛光滑,性情温顺,观赏价值颇高。作为餐桌上的佳肴,斑鸠肉质细嫩,口感好,味道鲜美,营养丰富。加之斑鸠生长期很短,一般4周到5周龄便可出售,使得饲养斑鸠成为农民致富的一条好路子。

首先要建立场地。要选择通风良好、干燥,地势较高的向阳坡地。用竹子和塑料网架设高空网箱。网箱内搭一个鸟棚,供斑鸠雨天避雨及夏季避阳用。种鸟场的网箱应高出地面1.5米到2米,应用竹子或树枝做成假树,搭建人工鸟巢,以利于斑鸠产卵。

其次要挑选种鸟。要选取体大、健壮、无病、10月龄的成鸟作为种鸟,单独饲养。在饲料中应多加含蛋白质、卵磷脂及钙的食物,以利于繁殖。

再次,做好繁殖与育雏管理。野生种鸟一般春秋季节交配产卵。人工饲养可采用雌鸟人工注射雌激素的方法,促其短期内发情,使其每月都能产卵。将产后的卵收集起来,放入孵化箱内进行人工孵化。在孵化过程中应调节好温度及相对湿度,确保出壳率在98%以上。雏鸟刚孵出时应注意保暖,及时饮水,选用万分之二浓度的高锰酸钾溶液作为饮用水,每4小时更换一次。雏鸟出壳以后,一般6小时到8小时有觅食行为,食品最好选谷子或细小、易消化的食物,也可用雏鸟颗粒饲料。一周以后在饲料配比中可加入20%的稗籽、稻谷等多种植物种子。

最后,要及时防病。斑鸠的人工养殖密度大,容易感染疾病,应做好卫生保洁工作,定期消毒,及时清理粪便,并定期进行防疫。发现病鸟应隔离治疗,死鸟应深埋或烧掉,并对该网箱内所有鸟进行消毒处理。

招式 75　山鸡养殖技术

山鸡,俗称野鸡,又称雉鸡,是有极高综合利用价值的珍禽。其肉质鲜美,含有人体需要的多种微量元素;其胆、血、内金经过提炼可以制成医药制剂;山鸡毛还可以制作成工艺品。

伴随着市场消费量的逐年增加,山鸡养殖的前景越来越被看好。农户养殖山鸡,最好利用自身优势,比如说在鱼塘、果园等地方搞立体养殖,以此来控制成本,提高抗风险的能力。如搞规模养殖,则要选择有利于排水、干燥、背风向阳、无污染源、交通方便的地方建造鸡舍,鸡舍前要设活动场地,每间舍场之间用尼龙网或铁丝网分隔,要在上面安装防飞网。

山鸡系杂食性禽类,饲料非常简单,和家鸡相同。养殖山鸡,最关键的时期在育雏期。育雏期的山鸡要比家鸡难养很多,因此,在这一时期,养殖户要做好保温措施,尽量选择品质好、营养高的产品进行饲喂。后期可以自行配料,但要注意营养平衡。

山鸡养殖,防疫卫生也很重要。山鸡能保持健康状态是延长产蛋高峰期和提高种蛋授精率的重要保证。只有延长产蛋高峰期,才能使山鸡多产蛋。因此必须保持圈舍清洁,每周可用百毒杀或灭菌灵喷雾消毒1次,消毒液可直接喷到山鸡身上。食槽、水槽用适量高锰酸钾刷洗1次。在产蛋高峰期主要疫病有白痢、大肠杆菌等,防治可用青霉素,用法:取1支80万单位的青霉素开口平放入清水中饮用即可,可供80~100只山鸡防疫1次,每次半个月。每天要定时打扫卫生,定时供食供水,要保持经常有清洁充足的饮水。夏天气温高时应注意通风降温,冬春气温低时注意保温,并处理好保温与通风的关系。

招式 76　如何养殖鸵鸟

从价值角度来说,"鸵鸟全身都是宝",鸵鸟的肉、皮、羽毛、蛋、骨综合加工潜力巨大。鸵鸟肉是世界公认的健康营养食品,具有低脂肪、低胆固醇、低

热量和高钙、高铁、高锌的特点。鸵鸟皮是皮革工业的高级原料,皮革制品具有奇特美观的花纹,质地柔软,透气性好,经久耐用。鸵鸟羽毛和蛋壳、骨头可加工成多种工艺品。

从养殖角度来说,鸵鸟是利用牧草的最佳经济动物,具有耐粗饲、适应性强、饲养成本低等特点,适宜农户养殖。鸵鸟养殖技术有以下几点:

第一、场舍建造。应选择在地势较高、排水便利、光照充足、通风良好的地方建造鸵鸟场。鸵鸟对周围环境的刺激反应特别敏感,容易受惊和引起应激反应。因此,鸵鸟场周围环境要安静。场区周围最好绿化,使鸵鸟生活在一个接近自然的环境里,从而更好地发挥其生产潜力。

第二、选好鸵鸟。鸵鸟良种选择是建场的关键,是决定未来经济效益的最重要因素。因此,养殖户选购鸵鸟时一定要小心谨慎,要选择种质纯、生产性能好的鸵鸟,为以后的发展打好基础。鸵鸟一般分为三种类型:红颈鸵鸟、蓝颈鸵鸟和非洲黑鸵鸟。非洲黑鸵鸟具有体型紧凑,性情温驯,羽毛优良,性成熟早、产蛋多等特点,是目前饲养的主要品种。选购鸵鸟时要对其健康状况进行观察。主要注意精神、体表、采食和粪便这几方面。健康的鸵鸟精神饱满,对外界刺激反应敏感,合群性强;健康的鸵鸟肌肉丰满,无裸露骨骼,全身各处没有伤残,步态平稳正常;健康的鸵鸟食欲旺盛,当饲养人员走进栏舍时,会主动迎上去,等待喂食;健康的鸵鸟便呈暗绿色,细腻消化良好,排尿量大,尿液透明,有少量白色尿酸盐。

第三、鸵鸟的饲料喂养。鸵鸟以食草为主,食性较广,能采食各种牧草饲料和块根块茎类蔬菜。但要注意不能喂食霉变的食物,以免引起中毒。此外,要保证提供充足而又清洁的饮水。

第四、预防疾病。鸵鸟育雏期是各种疾病的易发期,是饲养成败的重要时期。由于雏鸟对不良环境因素,特别是对潮湿和尘埃较敏感,往往因空气污浊,地面垫料潮湿,室温过高或过低而诱发呼吸道感染,出现一系列呼吸道症状,打喷嚏、咳嗽等,要及时发现并使用抗生素治疗。

第三节 4招教你养特种水产

招式 77 养黄鳝巧致富

黄鳝又叫长鱼，其耐饥饿，适应性和生活能力强，在各类淡水中都能生存，容易管理。人工养殖黄鳝，占地少，用水省，效率高，是一条不错的致富之路。

下面介绍几个饲养黄鳝的技术：

一、修建鳝池：选择向阳田块、空地和旧水沟建造鳝池。为了方便给池子里换水，最好在有水源保障的地方建池，鳝池大小根据饲养规模而定，可大可小。为适应黄鳝的定居习性，池底在建成不漏水后，要铺放3~5寸深的泥土，可用河泥和青草沤制成的泥土垫池底，池中心或四角上放乱石堆，以利黄鳝保暖或乘凉。池水温度以10~25℃最适宜。池的四周可栽树、种瓜、栽竹搭棚或栽茨菰若干棵，以减少夏天日照，池内可适当种植些水浮莲等水生植物，供黄鳝夏天避暑。

二、选投良种，合理投喂：选用良种，以黄色为好，青色次之。投种时间一般选择在惊蛰以后的三、四月间。选择河蚌肉、螺蛳肉、小杂鱼虾、畜禽内脏和螟虫、蚕蛹、食品厂下脚料、菜籽饼、蚯蚓等喂黄鳝。由于黄鳝白天不出来活动，因此，每天晚上8~10时投料为好。投饵最好全池均匀遍撒。饵料不够时，可投喂一些浮萍和桑叶等。春后到冬前是黄鳝生长的黄金季节，要抓住这一时机，做到适时喂料。投饵的原则是新鲜、营养、多样、吃尽。人畜粪必须经过腐热发酵后才能泼洒喂养。严禁用酸败霉变的酒糟、豆腐渣、薯渣等腐臭、变质食物。

三、精心管理，三查三防。一查水情，保持池水的清爽和干净，保持鳝池的清洁和卫生。当发现水质微臭或不正常时，应该立即换水。二查料情，应注意对缺饵、单饵、混饵的观察，注意打雷下雨与缺饵时，黄鳝受惊向外逃，不进食，不入洞；缺饵时黄鳝会出现大追小。改喂新饵料应从少到多。三查病情，只要提前预防，注意观察，鳝病是可以控制的。一防逃跑，建池要牢固，防止洪水冲垮池子或鳝鱼翻池，雷雨时要排水以防外逃。二是防害，鹅鸭不得入池。三是防毒,严禁将香烟头、化肥、农药或有污染的水放入池内,一旦发现中毒,应彻底放干池水,用新水冲换池内毒水、污物。然后将大蒜捣烂兑水投入池内,以免黄鳝大批死亡。

四、疾病防治:黄鳝常见有发烧病、肤毒病和毛细线虫病。

发烧病是因黄鳝密度过大引起的。防治方法是池内可混养少量泥鳅。当黄鳝发病后,立即换水,或在池中加入万分之七的硫酸铜溶液。

肤毒病是因黄鳝相互咬伤或被敌害生物侵袭造成伤口而导致霉菌感染引起的。病鳝体生"白毛",食欲不振,瘦弱而死。在黄鳝入池前应用生石灰清塘消毒。发现病鳝,可用万分之四的食盐和小苏打合剂全池遍洒。

毛细线虫病是由于毛细线虫寄生在黄鳝肠内而引起的疾病,应在养鳝前用生石灰清池杀死虫卵。发现这种鳝病,可用敌百虫和豆饼粉做成的药粒进行投喂治疗。

招式 78 养蛇关键技术有哪些

蛇养殖具有投资少、效益高、占地面积小、发病少等优点,正从冷门特养行业逐渐转变为热门养殖项目,成为一条大有可为的致富门路。那么,要想把蛇喂养好需要掌握哪些关键技术呢?

首先,在蛇的饲喂上,要结合当地的具体条件投喂食物。蛇是肉食性的,一般喜欢活饵,其饵料有鼠类、鸟类、昆虫类、小鱼小虾类及小的两栖爬行动物类,在这些饵料中,鼠类营养价值高,钙和矿物质都很丰富,是蛇最喜欢吃的。如蛇的食物不足,可用粗蛋白、粗脂肪、粗纤维、磷、钙和少量的无机盐加上维生素 A、B_2 量水灌入肠衣制成香肠,诱蛇进食。对食欲不振的蛇还可以灌入维生素 B,以增加蛇的食欲,提高新陈代谢能力,必要时可进行人工填喂。蛇的饮水要清洁卫生,水池里的水要经常流动,切勿被污染。这里要强调一下对幼蛇的饲喂。饲养幼蛇,开始时都要人工灌喂。每隔5~7天,灌喂一次鸡蛋。喂一个多月后,体长能从20厘米增至50厘米,体重增加2倍。灌喂时,起初只喂鸡蛋,以后在鸡蛋中加上一些切碎的人工配制的蛇用香肠,为以后让幼蛇自己取食人工饲料打下基础。幼蛇的育成与幼蛇的运动量大小有关,不管在蛇箱或幼蛇场,尽量让蛇有个运动场,让其多运动,才能健康成长。

其次,对蛇的管理上,要做到经常打扫蛇房,保持地面清洁干燥;蛇窝里铺垫的沙土和干草要定期更换,腐烂变质的食物要及时清除;要经常检查蛇窝内的温度和湿度,冬季要注意保暖,夏季要搞好降温。还要经常检查蛇的健康情况,如发现活动异常、爬行困难或有明显症状的伤病蛇,要立即移出隔离饲养和治疗。

再次,要采取措施帮助蛇顺利蜕皮。蜕皮是蛇生长过程中的必经阶段,也是蛇生长的标志,因此要采取措施保证蛇顺利蜕皮。快到蜕皮时,蛇的眼睛发白且浑浊,食欲减退且变得神经质,这个时候,做清洁要轻,要在饲养箱内放石头或树木,以助蛇类蜕皮。

最后,要积极预防寄生虫病。定期驱虫是减少寄生虫危害的主要措施。一般蛇场每年初夏和深秋进行两次驱虫,方法是采用人用肠虫清灌注在小鼠胃中,再将小鼠投给蛇采食。

招式79 金钱龟饲养技巧

金钱龟外型漂亮,色彩丰富,全身都是宝,以其养殖市场的价格稳定性和较高利润空间吸引了不少养殖户进行投资。丰厚的回报后面,是金钱龟饲养的诸多技巧和技术。现按照金钱龟的生长阶段具体介绍如下:

第一,稚龟管理。稚龟出壳7天后可移入消毒干净的稚龟池中饲养。饲养密度为每平方米100只左右,水深0.2~0.3m。稚龟不能吞食粗食,应设放细、精、软、嫩、营养价值高的饲料。如蛋黄、小鱼虾、开水烫过的小蚯蚓等。不可投喂动物内脏、鸡蛋白、蚕蛹等多脂肪的饲料。日投量约为体重的4%~5%。应少量多餐,饲料要新鲜卫生。由于稚龟身体较弱,因此最好能用温水饲养,水温在25~30℃为宜。

第二,幼龟管理。稚龟经过一个月左右的饲养,长到15g以上时即为幼龟。这时可移入幼龟池饲养,饲养密度每平方米50只左右。幼龟的活动和摄食能力都较强,因此,可以投喂多元化的饲料。可投动物性饲料和植物性饲料。日投量约为体重的10%左右。动植物饲料之比为3:1。在此期间,幼龟的生长发育极快,因此营养必须跟上,以提高幼龟的生长发育速度和成活率。

第三,成龟管理。因成龟池较大且水深,因此,在饲养过程中要抓好龟池的水质管理。金钱龟喜欢在水质清新的淡绿色水中生活,水质不可过肥,若水质变肥变坏,应及时更换,每次换水为总量的1/3。在成龟中也有大小之分,有的抢食快长得大,有的长得较小,此时应大小分开饲养。金钱龟的饲料是动物性饲料为主,同时辅之以植物性饲料。动物性饲料和植物性饲料比例3:1为宜。还可投喂配合饲料,可用80%肉类,17%植物性饲料,0.2%酵母,0.4%鸡用多种维生素,2%微量元素制成配合饲料。每天可投喂1~2次,一般在上午9~10时投喂或傍晚投喂。要做到定时、定点、定质、定量投喂。在投喂的饲料中,最好投喂鱼肉等高蛋白质的新鲜饲料。可同时辅之以水果、菜叶等植物性饲料。投喂的饲料应根据龟体的大小而定,一龄龟体小嘴小,应投喂个体较小的食物。食物可多元化,气温高时食欲旺盛,采用少投多餐的方式。气温低时,食欲下降,可减少投喂次数。

第四,种龟管理。种龟的饲养管理与成龟相似。环境要安静,尤其在交配产卵期间要保持环境的绝对安静,不能让陌生人进入产卵场,否则会影响金钱龟的繁殖活动。饲料的营养成分应多元化,对于产卵高峰期,日投量可增加到体重的20%。

第五,加强管理。金钱龟的生命力极强,不容易患病。若发现病情,大多为管理不当所致。因此,平时要加强管理,贯彻"防重于治"的原则。要经常进行巡场观察工作做好每天的工作日记,包括水温、水质、湿度、食量、饲料、疾病防治、采收、运输、销售等记录。有条件的还应做好对比实验,不断总结摸索出最佳养殖方法和管理方案。

招式80 饲养水蛭四要点

水蛭是一味常用中药,有破血、逐瘀、通经、治蓄血等功效。近年来,随着水蛭临床运用的拓展和农药对水蛭生长环境造成的破坏,其价格一直稳中有升,适宜广大农民朋友投资养殖。

那么,该如何来饲养水蛭呢?四个要点要记牢。

第一,选择优质种苗放养。水蛭种可自行繁殖或购买,以宽体金钱蛭最好。放种标准是健壮、无伤、规格每条约20g。这种水蛭产卵多、孵化率高,早春放养6月即可长成出售。

第二,严格日常管理。水蛭的生命力旺盛,养殖主要是要抓好饲料的管理和水蛭数量的调节。水蛭主要摄食螺类、蚯蚓、鱼、青蛙、禽畜等动物的血,人工喂养的饲料里应拌有各种动物的血、米、糠等。每亩水域一次性投放25kg

螺蛳，让其自然繁殖供其取食，每星期最好喂一次动物的血。水蛭对水源要求不严，在污水中也能生长，但高密度养殖，水质要保持清洁，要有一定的溶氧量，7~8月份的高温季节，要不定期换水。

第三、越冬管理。水蛭在入冬后，就停止了摄食，钻入土中开始冬眠。这个季节最好将池里的水排干，用网捞出水蛭，选择个大、生长健壮的苗种集中投入育池内越冬。

第四、采集制作中药饮片。捕捉水蛭的最好时机是夏天和秋天。将捕得的水蛭洗净，先用石灰或酒闷死，然后晒干或焙干。炒水蛭先取滑石粉入锅内炒热，放入切段的水蛭，炒至微微鼓起到出，筛去滑石粉。油水蛭取洗净水蛭，置锅内用猪油炸至焦黄色后取出，干燥后便是所需的中药饮片。

第四节 3招教你养特种昆虫

招式81 四季养蜂要点

春季是养蜂繁殖的最佳时期，养蜂场户只有在春季多变的气候环境下把蜜蜂繁殖成强群，才能确保全年养蜂的经济效益。

春季养蜂，首先要为蜂群保温。蜜蜂春繁开始时群势小，调节温度能力差，不利于保温。因此，要加强保温措施。养殖户可以在蜂箱空隙处填满保温物，当天气比较暖和时，才将这些保温物逐渐拆除。也可以缩小巢门，防止冷风侵入，开箱检查时必须选择在晴暖无风的天气。

其次要抖蜂紧脾。可将每两个蜂箱并列放在一起，在无风的傍晚，给每群蜂喂糖水或兑水蜂蜜250~300毫升。两小时后，待蜜蜂兴奋散团，箱内温度升高，即可进行抖蜂紧脾。紧脾时，只选留1张脾即可，多余的脾全部提出，这样能促使蜂王快速产卵。一般蜂王在紧脾后1~3天即可产卵。紧脾后，每夜从箱底进行辅助饲喂，将糖水或蜜水盛入箱底饲喂器中。每一次饲喂可稍多些，一般每群喂350~400毫升，以后看蜂数多少和产卵圈的大小而定，以脾上有少量的角蜜为宜。

再次要加入粉脾。早春时节，天然花粉少，当多数蜂王开始产卵时，为了保证蜂内花粉供应和扩大产卵圈，则要加入人工花粉脾。人工花粉的制作方法为:将黄豆炒至八成熟,去皮后研成粉末,将黄豆粉和蜂蜜以3:2的比例拌匀成湿粉,让湿粉从孔径为3毫米的筛上通过,而呈天然花粉状。然后加蜂蜜重量一半的蔗糖粉,再次拌匀后,灌入空巢房内;后用刷子轻轻捣实,巢房内花粉有七八分满为佳。最后在粉房上涂少量蜜水即可成人工花粉脾。加第一张脾应一面为空隙巢房,另一面为花粉房。加脾方法根据蜂脾关系而定,蜂数多的群,将有粉的一面朝内;蜂数一般的群将巢房的一面朝内。待蜂王已在人工花粉脾的空巢房内产卵,第一张粉脾的人工花粉吃掉一半时,即在紧邻第一张粉脾处加第二张、第三张……这样能获得强群,方便投入生产。

最后,要防好疾病。蜂螨、腐臭病等对蜂群的危害极大,对这些疾病的防治不容忽视。在蜂群开始繁殖时,必须彻底治螨,可用杀螨剂、鱼藤精等药物治疗;预防腐臭病,可用青霉素、链霉素等药物加入糖液饲喂。

夏季易造成蜂群群势下降,应做好以下工作。

首先,场地选择。夏季蜂群应摆放在通风的树阴下,靠近有清洁水源的地方。设置箱架,高度为50~80厘米,以防雨水侵入巢内。箱架边可撒布灭蚁威等,以防蚁类侵袭。

其次,更换蜂王。为防蜂王衰老,影响产卵,每年4~5月应将全场80%以上蜂群的蜂王换成当年培育的新蜂王。

再次,留足饲料。每群巢内除留2~3框蜜脾和一框花粉脾外,还应每群贮备2~3框封盖蜜脾和1~2框花粉脾,以便随时补给缺料的蜂群。

秋季养蜂需要注意:1、更换蜂王,老劣蜂王产子少,冬季死亡率高,第二年春季产卵高峰期持续时间短。因此,必须在秋季培养一批优良的新蜂王。2、防止盗蜂。秋季蜜源终止时容易发生盗蜂,这时应将蜂群散放,并放一只空箱收集老蜂,严重时应转移蜂场。3、适时断子。加大蜂路,从蜂群中提取花粉脾,撤出保温物,用蜂蜜占去大量巢房,迫使蜂王提早断子,蜂群提早团结。也可将蜂王关闭,促使其停止产子。4、防除敌害。积极捕杀、诱杀胡蜂、蟾蜍等敌害。防止农药中毒,以免造成经济损失。

冬季气温低,气候寒冷,蜜蜂一般在室内越冬比较安全。蜂群入室前,室内摆好蜂架,架高不应低于40厘米,以免底层蜂群受潮。入室当天要打开蜂箱进气孔,让冷空气进入,等所有蜂群都结成团后再保持一定的室温。入室初几天,巢门可开大些,蜂群稳定下来后,巢门要小些。室温度控制在2~3℃之间,不应超过6℃,因室温太高蜂群会过于活跃,食量增加,粪便增多,会使饲料提前耗尽，发生下痢，有时会造成全群死亡。如室内比较干燥或群势较强，室温可控制在0~2℃之间，不能低于-4℃。温度过低时，要关小巢门。温度高于要求时，要打开进出气孔，慢慢降温。室内相对湿度应保持在75%—85%之间，湿度过高，影响蜂群的健康，蜂脾也会吸水变质。如室内地面很潮湿，可撒些吸水性强的草木灰、木屑等。此外，要保持室内安静黑暗，使蜂群顺利度过严冬。

招式82 养殖蝴蝶增效益

蝴蝶养殖产业是近年来逐渐兴起的一种新兴产业。蝴蝶作为一种具有多种用途的可再生性昆虫资源，既可作为观光之用，又可制作蝴蝶工艺品，市场对蝴蝶的需求正在逐渐增大。蝴蝶喜欢生活在草木繁茂、鲜花怒放、五彩缤纷的阳光下，上下飞舞盘旋，以采食花粉和花蜜为生。因为蝴蝶属完全变态昆虫，所以其完成一个世代需经过卵、幼虫、蛹和成虫4个阶段。因此，养好蝴蝶要围绕这四个阶段进行。

第一，为蝴蝶建造适宜的网棚。要想养蝴蝶，首先就要为蝴蝶建造一个适合它生长的环境。要选择地势较高、背风向阳、通风良好、土质肥沃湿润的、无污染的地方建造网棚。网棚的规格没有什么固定标准，宽阔，结实，严密，适宜蝴蝶飞舞即可。一般围墙用砖块来砌，围墙顶上用钢筋制成顶高2米的拱形网架。拱形网架上和四周围需要装上尼龙网，以防蝴蝶外逃。雨天可在棚顶加遮盖物。蝴蝶既可以在器具中养殖，又可以在寄主植物基地养殖。用器具养殖不受季节限制。常用的器具有玻璃器皿、养虫缸、养虫箱，注意保持湿度和温度；在寄主植物基地养殖，就要种植蝴蝶喜食的寄主植物，为其提供丰富的饲料。

第二，引种蝶源包括两个方面：一是野外采集；二是向蝴蝶养殖单位和个人购买稀有优质蝶种。野外采集蝴蝶，必须采集那些雌雄配对或已交配正在产卵的。一般雌蝶喜欢在叶面、果面、平滑枝干或粗糙缝隙处产卵，室内饲养应根据各种蝴蝶的不同习性准备适宜的产卵场所，如折叠的纸条、谷草、枝干、纱布等。卵期要注意保湿，可用湿纱布覆盖，过干会降低孵化率。

第三，养殖幼虫。大多数蝴蝶幼虫以植物叶片、茎秆、花果为食，可采集饲喂。饲养密度以每10平方厘米1~2只为宜，某些具相互残杀性的蝶种，密度宜稀或单只饲养。幼虫发育至5~6龄后化蛹。

第四、化蛹准备。化蛹前养殖器具内可填放些纸团、禾秆、刻满凹窝的木板等。将结满蛹的物品放潮湿土面上保湿,经一段时间可羽化出蝶。

第五、养殖成虫。要给留种用蝶供给充足的食物,如水、蜜汁、糖浆、牛奶等,还可根据蝴蝶的口味配制不同的饲料,如喂凤蝶类可用蔗糖、葡萄糖、干酵母、酪蛋白、滤纸粉末、甘蓝叶等按一定比例配制,食物要新鲜。不留做种用的蝴蝶可制成标本。

第六、注意事项:在蝴蝶的养殖中,应注意观察天气变化,用有效措施防风防雨和烈日暴晒;要严防蚂蚁、老鼠和蜘蛛等天敌的侵害;要严禁使用农药灭敌,并禁止在周围200米以内的环境中喷洒农药。

招式83　教你养殖黄粉虫

黄粉虫,也叫面包虫,是鸟、龟、蝎、蛇、鱼等的饲料,也是具有高蛋白、低脂肪和奇香特点的绿色昆虫食品,目前主要以出口为主,在国际市场上供不应求。黄粉虫适应能力强,以麦麸、玉米面、农作物秸秆、青菜等为食,饲养设施简单,容易管理,投资千元即可生产,具有较高的经济效益,发展前景极为光明。

在黄粉虫的养殖过程中,掌握好养殖技术很关键,因为技术好坏直接关系着黄粉虫的繁殖速度、虫体质量和经济效益。

第一、要将黄粉虫饲养在透光通风的饲养房里,饲养房的大小,根据养殖黄粉虫的多少而定。一般情况下,20平方米的房子能养300~500盘。要用没有异味的软杂木制作饲养盘,为防止虫子外爬,可在饲养盘的四框上帖好塑料胶条。要根据饲养量和饲养盘数的多少,制作木架,将饲养盘排放上架。另外要准备一个筛面用的萝用来筛虫粪,再制作一个四方形,底部钉了纱窗的筛子,用来筛小虫。

第二、黄粉虫的饲养。饲养方法的好坏,直接影响黄粉虫的成活率和生长速度,必须注意以下几点:1、卵的孵化、幼虫、蛹、蛾子要分开养,不能混养,混养的缺点是不便同时投饲料,而且幼虫和蛾子在觅食时,容易吃掉蛹和卵。2、蛹虽然不吃不动,但应放在通风良好,干燥的地方,不能封闭和过湿,以免蛹腐烂。老熟幼虫变蛹时，要及时把蛹捡出，单独放在盒子里，以免被未变的幼虫吃掉。捡蛹时，用力要小点，以免把蛹捏坏。3、基本上同龄的幼虫要放在一起饲养，使虫子大小均匀，投食方便。不同季节要有不同的管理方法，如炎热的高温天气，幼虫生长旺盛，虫体内需要足够的水分，必须投蔬菜叶、瓜果皮等来补充水分，促进发育；如温度过高，要及时通风降温；冬季里虫体含水量小，必须减少青饲料。

第三、加强管理。黄粉虫在饲养过程中易受老鼠、壁虎、蚂蚁的危害，尤以鼠害和蚁害较严重，应加以预防；应及时清除死亡虫尸，以免霉烂变质导致流行病发生；严禁在饲料中积水或于饲料盘中见水珠；室内严禁放置农药。

温馨提示

谨慎选择特养行业

　　特种养殖是一项复杂的工作，有许多重要问题需要解决，解决好了，事业获得成功，解决的不好，就会全盘皆输。因此，广大农民朋友在筹备特养之前，要切实认清这一行业所存在的诸多问题和困难，做好各项准备，树立好风险意识，才能在特养行业取得成功。

　　首先，要考虑和解决饲料问题。特养行业的大部分养殖品种的饲料来源比较容易解决，但有些特养品种的饲料来源欠缺，不容易获得，因此，在选择饲养品种之前，要先把饲养动物的饮食问题解决了，再考虑如何上项目，才是稳妥之举。

　　其次，要把好资质考察关。在选择特养创业，挑选特养品种时，要选择有合格资质的单位进行引种。一个合格的供种单位，《野生动物驯化繁育许可证》、《动物防疫合格证》、《卫生许可证》、《特种种畜禽经营生产许可证》、工商局颁发的《营业执照》、商标局注册的《商标证书》等一样都不可少。所以，养殖户应该到这些证件齐全的科研、教学单位或经过国家验收认定的大型特养种源驯养繁育基地进行选购，不能贪图便宜而到没有资质的基地去购买，造成效益低微，甚至亏损的局面。

　　再次，要看供种单位是否能提供全面的技术。一个优良品种的培育成功，往往需要几年甚至十多年的科学繁育才能稳定。它对技术的要求非常高，非一般人员可以做到。所以在引进时，一定要看供种单位的技术资料是否全面完整，最好有成套的技术资料和繁育系谱。而且要能够为引种者提供包括理论和实践在内的全方位的技术培训。培训时，不仅技术人员指导要到位，而且要有现代化的培训手段。

最后，要看供种单位的信誉度和售后服务。供种单位的售后服务、信誉度包括技术跟踪情况、市场销售支持、人员的服务素质等都是养殖户选择的重要指标。如果供种单位售后服务不完善，信誉差，就一定不能作为引种的对象。

第五章
8招教你应对疫病困扰
bazhaojiaoniyingduiyibingkunrao

招式84:如何正确使用猪瘟疫苗
招式85:如何做好养殖场的消毒工作
招式86:如何给禽类打针
招式87:如何做好养鸡防疫
招式88:科学判断水产动物发病
招式89:怎样做好牛场防疫
招式90:如何做好特养动物的防疫
招式91:如何正确选择消毒剂

近年来,随着养殖业的突飞猛进,人们引进更优良的品种,以期望更高的生产性能和更低的消耗。然而,人们在引进良种,大力发展养殖业的同时也引进了新的疾病,这就增加了养殖业的投资风险。为了保证养殖业的稳定发展,当务之急是执行科学合理的综合防疫措施,积极应对疾病困扰。

行家出招:84~91

招式 84 如何正确使用猪瘟疫苗

猪瘟是一种传染性极强的病,常给养猪业造成巨大的损失。预防猪瘟最有效的方法就是接种猪瘟疫苗。为了使广大养猪户正确选择和有效使用猪瘟疫苗,特将猪瘟疫苗的种类和使用方法归纳如下:

目前市场上预防猪瘟的疫苗主要有以下三种:1.猪瘟活疫苗(I)——乳兔苗。2.猪瘟活疫苗(II)——细胞苗。3.猪瘟活疫苗(I)——淋脾苗。

猪瘟活疫苗(I)——乳兔苗的用法:该疫苗为肌肉或皮下注射。使用时按瓶签注明头份用无菌生理盐水按每头份1毫升稀释,大小猪均为1毫升。该疫苗禁止与菌苗同时注射。注射本苗后可能有少数猪在1~2天内发生反应,但3日后即可恢复正常。注苗后如出现过敏反应,应及时注射抗过敏药物,如肾上腺素等。该疫苗要在-15℃以下避光保存,有效期为12个月。该疫苗稀释后,应放在冷藏容器内,严禁结冰,如气温在15℃以下,6小时内要用完;如气温在15℃~27℃,应在3小时内用完。注射的时间最好是进食后2小时或进食前。

猪瘟活疫苗(II)——细胞苗的用法:该疫苗大小猪都可使用。按标签注明头份,每头份加入无菌生理盐水1毫升稀释后,大小猪均皮下或肌肉注射1毫升。注射4天后即可产生免疫力,注射后免疫期可达12个月。该疫苗宜在-15℃以下保存,有效期为18个月。注射前应了解当地确无疫病流行。随用随稀释,稀释后的疫苗应放冷暗处,并限2小时内用完。断奶前仔猪可接种4头份疫苗,以防母源抗体干扰。

猪瘟活疫苗(I)——淋脾苗的用法:该疫苗为肌肉或皮下注射。使用时按瓶签注明头份用无菌生理盐水按每头份1毫升稀释,大小猪均为1毫升。该疫苗应在-15℃以下避光保存,有效期为12个月。疫苗稀释后,应放在冷藏容器内,严禁结冰。如气温在15℃以下,6小时内用完。如气温在15℃~27℃,则

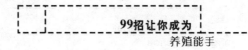
养殖能手

应在3小时内用完。注射的时间最好是进食后2小时或进食前。

注意事项：以上三种疫苗在没有猪瘟流行的地区，断奶后无母源抗体的仔猪，注射1次即可。在有疫情威胁时，仔猪可在21日龄~30日龄和65日龄左右各注射1次。被注射疫苗的猪必须健康无病，如猪体质瘦弱、有病、体温升高或食欲不振等均不应注射。注射免疫用各种工具，须在用前消毒。每注射1头猪，必须更换一次煮沸消毒过的针头，严禁打"飞针"。注射部位应先剪毛，然后用碘酒消毒，再进行注射。以上三种疫苗如果在有猪瘟发生的地区使用，必须由兽医严格指导，注射后防疫人员应在1周内进行逐日观察。

招式85 如何做好养殖场的消毒工作

养殖场消毒的目的是减少传染疾病的病原微生物，消除传染的危险性。因此，消毒不能流于形式，一定要高度重视，持之以恒。

第一，养殖场的大门口、生产区进出口、料车进出口、粪车进出口，要设卡派专人从事管理工作，规范登记记录。

第二，环境消毒。禽畜圈舍要经过五步消毒，即机械清扫、高压冲洗、甲醛熏蒸消毒、火焰消毒、消毒液喷雾消毒。有条件的地面要喷洒2%火碱液。圈舍周围1.5~2.5米范围内用生石灰消毒。养殖场场区道路、建筑物要定期消毒。

第三，饲养人员消毒。饲养员在进入生产区时要先换衣、洗手、消毒。发生疫情时，饲养员要隔离，按规定时期才能解除封锁。

第四，用具消毒。饮水器和料槽，每周清洗一次，先用消毒液洗，然后再用清水冲洗。炎热季节，每周两次，然后再用高锰酸钾水消毒。

第五，畜体消毒。头数少时可用药液刷拭畜体消毒，多时可用药浴消毒或体表喷雾消毒。畜体消毒要避免冷天和雨天，以免药液干得慢或被身体吸收而中毒。对口蹄疫病愈的牛，在解除封锁时，须对体表、四肢洗刷消毒，消毒药可选用1%苛性钠溶液或30%草木灰水进行喷雾消毒，要特别搞好四肢、蹄冠、蹄叉等部分消毒。

第六，饲料卫生不可忽视。一是饲料要放在通风干燥的地方，不能发生霉变；二是经常检查原料质量，发现霉料不许饲喂。

招式 86　如何给禽类打针

养禽过程中,给禽打针是常事,但真正能正确打针的养殖户不多,需要专业人员给予必要的指导。为了避免因打针不正确而造成的损失,特归纳了打针的几个要点供广大养殖户参考。

一、打针时一定要消毒。打针时最好用酒精棉球擦禽皮肤,打完针再用棉球擦针头,当然有条件的可以一只禽一换针头,这样可避免禽皮肤上针头上的病菌侵入禽体内。

二、打针时要捉拿得稳。家禽在打针时疼痛不安,反抗是正常的,捉拿禽时要以不紧不松为准,既牢固又不捉伤禽。

三、在禽腿部打针要打外侧。禽类腿上的主要血管神经都在内侧,在这里打针容易造成血管神经损伤,出现针眼出血、瘸腿、瘫痪等病,应选择在禽腿的外侧打针。

四、在胸部肉上打针不要竖刺。给仔禽、雏禽打针因其肌肉薄或针头过长,竖刺容易穿透胸膛,将药液打入胸内,引起死亡。要顺着禽的胸骨方向,在胸骨旁边刺入之后,回抽针芯以抽不动为准,再用力推动针管注入药液。

五、给仔鸡和皮下打针要用细针头。由于粗针头针眼大,药水注入后容易流出,会影响预防治疗效果。因此要用细针头进行注射。

六、药液多时要分次多点注射。因禽的肌肉比猪牛的薄,在一点打入多量药液,易引起局部肌肉损伤,也不利于药物快速吸收,应将药液分次多点打入肌肉。

七、不要在禽腿部注射刺激性较强的药液。有些药物刺激性强、吸收慢。如青霉素油、油疫苗等,这些药物打入腿的肌肉,使禽腿长期疼痛而行走不便,影响禽的生长发育,应当选在翅膀或胸骨肌肉多的地方打针。

八、打针动作要轻快。捉禽打针,对禽类讲本身是强刺激,这就要求操作人员要动作轻而快,推完药液按住针眼,迅速拔出。

招式 87　如何做好养鸡防疫

常常会听到养鸡户这样抱怨：现在的鸡不好养，尤其是肉鸡。

事实也的确如此。除了常见的新城疫、传染性法氏囊、大肠杆菌等常发病外，过去极少发生的疾病，如支气管炎、坏死性肠炎、葡萄球菌、支原体等病常轮番或混合发作，给养鸡户带来了难题。那么，应该如何预防疾病养好鸡，从养鸡行业中赚取利润呢？

对此，关键是从理念上进行更新，正确贯彻实施"631工程"。何为"631工程"？即饲养防病过程中6分消毒、3分免疫、1分药物。

疫病发生要有三个基本环节：即传染源，传播途径，易感动物。控制疾病就是要清除病弱鸡、控制疾病随风、人员、物品、动物或昆虫的传递、保护鸡群不受病原攻击。消毒是控制疾病传播最有效的措施。因此，要重点做好消毒，包括鸡舍的消毒、空气消毒、饮水消毒、环境消毒、人员消毒、器具消毒等。要对鸡舍的墙壁、地面及设备进行彻底的消毒，并用高锰酸钾和35%甲醛溶液按1:2的比例，在舍温高于21℃情况下进行熏蒸消毒，保证鸡舍空气的清洁。当鸡舍内消毒封闭后，要及时清扫鸡舍前后左右的粪便、羽毛、杂物，与饲养无关的物品及时移走，防止藏污纳垢，鸡粪要密封或及时处理干净。然后整个环境泼洒3%火碱水，进鸡苗前鸡舍外环境要洒生石灰，一则消毒，二则告诫周围闲杂人员避免靠近，便于防疫。消毒后的鸡舍门口要设消毒池，进入人员要穿已消毒的工作服，避免带菌，否则会对消毒后的鸡舍形成二次污染。饲养期间每周要对鸡舍外环境消毒两次。

家禽使用污染的水也会引起疾病的发生。家禽饮水应清洁无毒，无病原菌，符合人的饮水标准，生产中要使用干净的自来水或深井水。

此外，要做好人员消毒工作。一切需进入养殖场的人员必须穿带专用的衣服和靴子，走专用消毒通道，并按规定消毒，有效阻断外来人员携带的各种病原微生物。

招式88 科学判断水产动物发病

水产动物的发病有其共同的特性，主要表现在体色、体形或摄食活动出现异常上。养殖户只要坚持定时巡塘，细心观察，必要时借助多种检测手段综合分析，就可以及时发现水产动物的发病。

一看体色或体形。健康的水产动物如鱼虾蟹等，体色鲜艳有光泽，体表完整。如出现背部和头部发黑，则可能患上细菌性肠炎病；如体色消退，无光泽，可能是烂鳃病、感冒病；如体色发白可能是白皮病；如皮肤灰白色或白色，披有棉絮状白毛，肌肉腐烂，则可能是水霉病；如额头和口周围变成白色，还有充血现象，可能是白头白嘴病；如体表分布白点，可能是粘孢子虫病或小瓜虫病；如肌肉出血发红或红鳍红鳃盖，则可能是出血病；如皮肤充血，体表黏液增多，部分鳞竖起或脱落，鳍条残缺不全，可能是竖鳞病、鳍腐烂病。

二看摄食情况。健康的水产动物一般食欲旺盛，投喂食料后很快来食场吃食，而且每天食量正常。患病的水产动物则食欲减退，缓游不摄食，或接触食料也不抢食，甚至停止吃食。

三看活动。健康的水产动物如鱼类常成群游动，反应灵活，一旦受惊，鱼群迅速散开。患病的水产动物往往游动或行动状态异常，如常常浮于水面，动作迟缓或不爱游动，则可能患上气泡病、车轮虫病和斜管虫病；如常常离群独游或时游时停，可能是患上细菌性烂鳃病、肠炎病；如急窜狂游或上跳下窜，就有可能是鱼虱病、中华蚤病或中毒症。

四查内部器官。健康的水产动物和患病的水产动物的鳃、肠道、肝脏、脾脏、肾脏、鳔、胆囊等脏器和组织有明显差别。若发现鳃丝末端腐烂，黏液较多或附有污泥，则为细菌性烂鳃病；鳃呈粉红色或有点状充血，则为鳃霉病；鳃丝苍白、多黏液，鳃盖张开，多为指环虫病、三代虫病等；鳃丝末端挂着似"蝇蛆"一样的白色小虫，则为中华蚤病；若发现鳜鱼严重贫血，鳃及肝脏颜色苍白，并常伴有腹水，肝脏有淤血点，肠内充满淡黄色黏稠物，则为鳜鱼暴发性传染病。若发现肠壁充血发炎，即为肠炎病；肠壁有稀散或成片的小白点，则为粘孢子虫病或球虫病。

招式 89　怎样做好牛场防疫

俗话说："病来如山倒"。牛传染病的发生和蔓延，常常会造成牛的死亡，给养牛业带来巨大的损失。因此，要采取必要的措施做好卫生防疫和疾病防治的工作。

防治牛传染病，要坚持"预防为主，防重于治"的原则，建立科学的防疫体系，以便及时发现牛群中已经出现的疾病，并有效地控制、消灭疾病。

常用的防疫方法有：隔离、消毒、杀虫灭鼠、粪便处理、预防接种。

第一，要建立必要的隔离设施，把牛群控制在安全范围内饲养。要根据具体环境条件，在牛场外围建立起隔离带，防止野生动物、家禽和各种人员随便出入。

第二，做好消毒。消毒百病无，牛场消毒是保证牛群健康最重要的一步。牛栏牛舍是肉牛生活的环境，栏舍的清洁卫生是防止疫病的基本保证。因此要定期对栏舍和道路消毒。具体可以分为四个步骤：1、彻底清扫道路、栏舍内外和饲槽。2、用消毒液喷洒地面和栏杆。3、用2%~3%的火碱水将饲槽、地面等处均匀喷湿。4、消毒后要用水冲洗，才能让牛进入牛舍。为牛创造一个舒适的生活环境，还要注意保持牛舍干燥通风。通风不畅的牛舍内应当装有通气扇，及时排除潮湿混浊的气体，保持牛舍的干燥清新。充足的阳光照射不仅使牛舍温暖舒适，还能起到杀菌灭毒的防疫作用。夏季光照过强，牛舍外可以搭上防晒网，减轻烈日的灼晒。

第三，杀虫灭鼠很关键。牛场的有害昆虫和老鼠，是导致牛产生疾病的重要因素。搞好环境卫生，定期喷洒消毒药物，是切断传播途径，消灭传染源的重要措施。规模化牛饲养场占地面积大，建筑设施复杂，水源和食物源十分丰富，为老鼠的生存繁衍创造了有利条件，因此，要定期进行捕鼠工作。在牛舍内杀鼠，可使用慢效杀鼠剂或机械捕鼠器，及时收集处理老鼠尸体，防止被牛误食。在牛舍外，可以使用快速杀鼠剂，一次投足用量。

第四，做好粪便处理。粪便、污水自身发酵产生的热不仅可以杀死病原体，而且处理后的粪便可以用作肥料，可谓一举两得。

第五，预防接种。要使用疫苗、菌苗等各种生物制剂，有计划地进行预防接种；在疫病发生早期，对牛群进行紧急免疫接种；对常见疾病如炭疽、气肿疽、破伤风、口蹄疫等要定期接种。接种前要对使用的器具进行消毒。将注射器、针头等放入高压灭菌器,高压30分钟,可以杀灭一般的病原体。

卫生防疫与疫病防治是一个系统工程,只有采取综合防治措施,才能增强牛群抗病能力,提高经济效益。

招式90 如何做好特养动物的防疫

第一、应根据不同的动物习性选择好饲养场地,设计并建设好适应动物生长与繁育的棚舍和笼箱。

第二、引种时要从无疫情的地区和场子引进,并做好引种的检疫和规定时间的隔离观察,确认无病后再混群饲养。

第三、平时注意按防疫规程要求做好消毒、预防接种、驱虫,搞好清洁卫生。饲养区内严格控制外人参观,必要时来人须经认真消毒后方准进入。饲养人员工作服要定点使用,定期消毒,不准穿出穿入,以防带入疫病。

第四、发生传染病时,要立即报告当地兽医站到现场进行诊断确诊,并把疫情上报兽医主管部门,以便采取相应措施,防止疫情扩散。死亡动物尸体及其污染物应烧毁或深埋,用具进行彻底消毒处理。

第五、将患病动物、可能感染的动物、假定健康动物实行隔离饲养。患病动物必须放入隔离室内由专人管理和治疗,人员出入要消毒;可能感染的动物要进行详细地临床观察,出现症状者一律按患病动物处理;对假定健康动物立即进行紧急预防注射。当发生某些恶性传染病时,由畜禽防疫部门依法采取有力措施扑灭。

招式91 如何正确选择消毒剂

正确的选择和使用消毒剂是控制和消灭各种传染病的重要手段。消毒剂的选择必须有杀毒力强、无腐蚀性、无残留、对畜禽机体毒性低、刺激性小、杀菌和杀毒效果不受有机物或其他因素的影响等特性。

下面介绍几种常用的消毒剂。

1、漂白粉。漂白粉是气体氯氯化熟石灰而获得白色粉末、有强烈的氯臭味,主要成分为氯化钙、次氯酸钙、熟石灰。不全溶于水,其杀菌作用由于次氯酸钙可分解为次氯酸,有效浓度不应少于16%。干燥的粉末主要用于粪便和排泄物的消毒,尿消毒时间为10分钟,排泄物消毒时间为1小时,对粪表面的微生物有巨大杀菌和除臭作用,保持2~7天,2%的漂白粉乳剂可喷洒棚顶、墙壁。

　　用法:2斤漂白粉调成糊状,然后边搅拌边加水10升,其上清液可用于饲具、地面、墙壁喷洒消毒,不适宜金属和棉织品消毒。操作时要戴口罩和胶手套。

　　2、熟石灰。属碱性消毒剂,从生石灰中获得白色疏松粉末。用20%的混悬液2次涂抹墙壁,对结核杆菌、肠道病原菌的杀菌效力较强;干粉末可用于阴沟、畜禽舍门口及鞋底等的消毒。

　　3、来苏儿。是一种湿性甲酚,也叫煤酚皂,色暗、透明、易出泡沫,有难闻的臭味,溶于水后呈乳白色。使用浓度为3%。多用于圈舍、各种排泄物及用具等的消毒除臭。消毒时间为2小时。可使细菌组织蛋白脱水,以抑制或杀灭细菌。

　　4、苛性钠。又称火碱,呈白色结晶块、属强碱、有剧毒和腐蚀性。使细菌蛋白呈不可逆反应。消毒、杀菌杀毒作用力强大。1~2%水溶液加5%石灰水,可用作环境、用具消毒;2~5%的溶液在6~7℃下对传染病污染环境进行洗刷消毒,效果最佳。对圈舍消毒时,应将畜禽赶出;消毒后的饲具要用清水洗刷,防止有残毒。

　　5、过氧乙酸。又叫过醋酸,不仅杀菌力强,而且杀菌谱广。使用浓度低、消毒时间短、在低温下也有杀菌作用,不留残毒,合成工艺简便。0.01%浓度,只用半分钟可杀死大肠杆菌、金黄色葡萄球菌、碌脓杆菌、变形杆菌;0.04%浓度,只需半分钟即可杀死芽胞菌;0.1%浓度,0.4秒即可杀死100%的大肠杆菌,在常温下有效,在低温下有杀菌力。本药分解产物是过氧化氢、醋酸、水和氧,对人无毒,有用于肉、鱼、蛋及蔬菜等的消毒。使用方法,喷雾、熏蒸、浸泡、自然挥发均可。

　　此外还有草木灰、氯毒杀、百毒杀、消毒灵、石灰酸等杀菌效果也较好。

温馨提示

哪些兽药不能使用

1、呋喃唑酮(痢特灵)。连续长期应用,会引起出血综合征。如不执行停药期的规定,在鸡肝、猪肝、鸡肉中会有残留,会诱发基因变异。

2、磺胺类。长期使用会造成蓄积中毒,其残留能破坏人造血系统,造成溶血性贫血症、粒细胞缺乏症、血小板减少症等。

3、喹乙醇。在饲料中添加该药可促进畜禽生长,但它是一种基因毒剂,有致突变、致畸和致癌性,应谨慎使用。

4、氯霉素。其对畜禽的不良反应是对造血系统有毒性,使血小板、血细胞减少和形成视神经炎。其残留的潜在危害是氯霉素对骨髓造血机能有抑制作用,可引起人的粒细胞缺乏病、再生障碍性贫血和溶血性贫血,对人产生致死效应。

5、土霉素。长期大剂量使用土霉素能引起肝脏损伤以致肝细胞坏死,致使中毒死亡。如未执行停药期规定,残留使人体产生耐药性,影响抗生素对人体疾病的治疗,并易产生人体过敏反应。

6、硫酸庆大霉素。用于养鸡中易出现尿酸盐沉积、肾肿大、过敏休克和呼吸抑制,特别是对脑神经前庭神经有害,而且反复使用易产生耐药性。

第六章
8招教你提升饲养管理
bazhaojiaonitishengshiyangguanli

招式92:如何提升猪的饲养管理水平
招式93:如何养殖无公害肉牛
招式94:羔羊如何育肥
招式95:如何做好鸭的饲养管理
招式96:巧放牧提升鹅的饲养水平
招式97:如何调控水温促进水产生长
招式98:蝇蛆饲喂提升养殖效果
招式99:春季禽畜饲养管理要点

行家出招：92~99

招式92 如何提升猪的饲养管理水平

公猪饲养保"三化"：保证喂养小群化。应单圈或小群饲养，一般每圈1头~2头，最多不能超过3头，每间圈舍面积为8㎡~24㎡，位置应僻静向阳，远离母猪圈舍；保证日粮组成合理化。每头每日饲喂全价饲料2.5千克~3千克，维生素、矿物质特别是VA、VD、VE供给充足；保证管理人性化。猪舍和猪体要勤打扫，冬搭暖棚夏遮阳，定期检查精液品质，根据日龄、体况和配种强度随时调整饲料配方、饲喂次数、运动强度和配种频率。

母猪管理抓"三期"：空怀期。应根据断奶后膘情差异饲喂不同的饲料。膘情差的，给予营养丰富的全价饲料和品质优良的青绿饲料；膘情较好的，应酌情降低日粮营养水平，少喂精料，增加青粗饲料喂量并加强运动。初配母猪配种前应供给充足全价饲料和青绿多汁饲料，日粮中可加喂优质的豆科青饲料，配种前10天~14天增加精料喂量，适当晒太阳，以促进发情和排卵，缩短配种间隔，恢复膘情，为配种、孕育胎儿储备营养。怀孕期。应保持母猪安静，尽量减少应激，防止流产和死胎。配种后4周到产前一个月，胚胎发育缓慢，可适当给予粗料，配合饲料日喂量为1.8千克~2.3千克。哺乳期。母猪哺乳期所需营养水平要求高，从产前一个月开始加喂精料，日喂配合饲料2.5千克~3.3千克，并添加25%~30%麦麸或1%硫酸镁，有条件的可添加油脂。产前一周消毒圈舍，产前3天，母猪日喂精料量减至1.7千克~2.1千克。产前产后24小时内可不供给饲料，但应供给充足洁净饮水，产后第2天开始加喂精料，经过一个星期的过渡逐渐减至日喂精料2.6千克左右，可预防乳房炎和子猪腹泻。

仔猪护理重"三关"：初生关。做好防寒保暖，做好接生，减少死亡；确保仔猪尽早吃到初乳；补料关。注意预防贫血、下痢，抓好开食与补料。一是生后3天~5天补铁，在猪的颈部注射硫酸亚铁、牲血素、右旋糖酐铁注射液等100毫克~150毫克，如剂量不足，隔7天再注射1次，也可将25克硫酸亚铁和1克硫酸铜溶于1000毫升水中，在仔猪吮乳时滴涂于母猪乳头上，每天1次~2次；二是仔猪出生后7天~10天开始诱食，将糖水喷洒在炒熟的黄豆、豌豆、麦粒、大豆上，裹上乳猪料，或直接将仔猪开食料放在仔猪常活动处，逗引诱食；

三是保持猪舍清洁、干燥、温暖、通风,并及时对子猪进行剪尾;断奶关。抓好旺食,确保饲料新鲜,适口性好,营养全面;做到适时断奶。目前在农户饲养条件下,断奶日期一般为30日龄~35日龄。营养水平、饲养条件非常好的,可提前到21日龄~28日龄断奶。

肥猪饲喂有"三法":自由采食法。一般体重在20千克前采用此法,让猪不分时间随意采食干粉料或颗粒料;半限量饲喂法。主要用于20千克~60千克的猪,在规定的时间内让猪自由采食,其他时间不喂食;定量饲喂法。60千克以上的猪每天定量饲喂3次~4次。

猪群保健讲"三到":消毒到。猪进场前7天,彻底清除圈内杂物,清洗猪舍、设备,关闭门窗,用福尔马林(30毫升/平方米)熏蒸消毒12小时~24小时,用2%烧碱溶液或3%来苏儿对地面消毒1次,24小时后用水冲去残液。猪舍(场)口设置消毒池,池内消毒液应定期更换,猪进圈后,每隔7天对圈舍消毒1次;防疫到。做好传染性疫病,尤其是猪瘟、口蹄疫、高致病性猪蓝耳病、仔猪副伤寒、链球菌等疫病的预防;管理到。经常观察猪的神态,看采食、饮水、粪便等是否正常,发现问题及时处理;定期驱虫,做好灭鼠、灭蚊蝇工作,勤打扫消毒,确保圈舍清洁卫生、冬暖夏凉、通风条件好;供给清洁饮水和全价饲料,做到自繁自养,全进全出。

招式 93 如何养殖无公害肉牛

为了保证牛肉中没有化肥、农药、激素、抗生素、兽药、化学合成物质等对人体有害物质的残留,肉牛养殖必须按照绿色食品生产操作规程的有关要求进行管理和生产。

首先,牛场环境要符合以下要求:1、地形平坦、背风、向阳、干燥。2、牛舍场地要开阔整齐,交通便利,并与主要公路干线保持500米以上的卫生间距。3、水质良好,水量充足,最好用深层地下水。4、牛舍应保持适宜的温度、湿度、气流、光照及新鲜清洁的空气,禁用毒性杀虫、灭菌、防腐药物。5、牛场污水及排污物处理达标。

其次,肉牛选育与选配要严格。应该选择生长速度快、抗病力强、适应当地生长条件的肉牛品种进行饲养,并结合育种引进优秀公牛的冷冻精液进行选配。对于从场外购入的肉牛要经过严格检疫和消毒。

再次，饲料配制要合理。肉牛绿色养殖要根据不同发育阶段的营养需求，科学合理地配制饲料。绿色养殖的饲料原料必须来自无公害区域内的草场和种植基地。饲料添加剂的使用必须符合生产绿色食品的饲料添加剂使用准则，应尽量使用可替代抗生素、促生长激素的新型生物制剂，如益生素、酸化剂、酶制剂、中草药、寡糖、磷脂类脂、腐殖酸等纯天然物质或低毒无残留兽药添加剂替代抗生素类添加剂，即使在生产中必须使用抗菌素，也应合理使用抗生素促生长剂。使用方法也应正确合理，必须与饲料混合均匀，并严格执行添加标准停药期等规定，以减少药物残留及耐药性。

招式 94　羔羊如何育肥

哺乳期的羔羊稍有不慎就会影响羊的发育和体质，甚至造成羔羊发病率和死亡率增加，给养羊生产造成重大损失。

羔羊在哺乳前期主要依赖母乳获取营养，母乳充足时羔羊发育好、增重快、健康活泼。母乳可分为初乳和常乳，母羊产后第一周内分泌的乳叫初乳，以后的则为常乳。初乳浓度大，养分含量高，尤其是含有大量的抗体球蛋白和丰富的矿物质元素，可增强羔羊的抗病力，促进胎粪排泄。应保证羔羊在产后15~30分钟内吃到初乳。

羔羊的早期诱食和补饲，是羔羊培育的一项非常关键的工作。羔羊出生后7~10天，在跟随母羊放牧或采食饲料时，会模仿母羊的行为，采食一定的草料。此时，可将大豆、蚕豆、豌豆等炒熟，粉碎后撒于饲槽内对羔羊进行诱食。初期，每只羔羊每天喂10~50克即可，待羔羊习惯以后逐渐增加补喂量。羔羊补饲应单独进行，当羔羊的采食量达到100克左右时，可用含粗蛋白24%左右的混合精料进行补饲。到哺乳后期，羔羊在白天可单独组群，划出专用草场放牧，结合补饲混合精料；优质青干草可投放在草架上任其自由采食，以禾本科和豆科青干草为好。羔羊的补饲应注意以下几个问题：1、尽可能提早补饲；2、当羔羊习惯采食饲料后，所用的饲料要多样化、营养好、易消化；3、饲喂时要做到少喂勤添；4、要做到定时、定量、定点；5、保证饲槽和饮水的清洁、卫生。

羔羊一般采用一次性断奶。断奶时间要根据羔羊的月龄、体重、补饲条件和生产需要等因素综合考虑。对早期断奶的羔羊，必须提供符合其消化特点和营养需要的代乳饲料,否则会造成巨大损失。羔羊断奶时的体重对断奶后的生长发育有一定影响。根据实践经验,半细毛改良羊公羔体重达15公斤以上,母羔达12公斤以上,山羊羔体重达9公斤以上时断奶比较适宜。体重过小的羔羊断奶后,生长发育明显受阻。如果受生产条件的限制,部分羔羊需提早断奶时,必须单独组群,加强补饲,以保证羔羊生长发育的营养需要。

要加强羔羊的管理,适时去角、断尾、去势,搞好防疫注射。羔羊出生时要进行称重;7~15天内进行编号、去角或断尾;2月龄左右对不符合种用要求的公羔进行去势。生后7天以上的羔羊可随母羊就近放牧,增加户外活动的时间。对少数因母羊死亡或缺奶而表现瘦弱的羔羊,要搞好人工哺乳或寄养工作。

招式 95　如何做好鸭的饲养管理

鸭的体型大,生长快,饲养周期短,肉质好,适口性强,很受人们欢迎。要想养好鸭,取得好的经济效益,就要做好鸭的饲养管理。

第一、雏鸭的管理。饲养密度一般以200~300只为一群较适宜。要离地网养,注意鸭场的清洁、通风和防潮。开食最好在12~24小时进行,不能超过2天,一般饮水应先于开食,这段时间要整天供料和供水。要仔细观察鸭群动态:体温正常,鸭群安静,采食和饮水正常,睡觉时分散,三五成群;体温过高,远离热源,雏鸭张口呼吸,多饮水,少食料且走动不安;体温过低,雏鸭叠成一大堆,易引起下层的鸭窒死。

第二、中鸭的管理。要采用水池圈养,最好与鱼塘结合,综合利用。要供给全价的日粮,鸭群可以自由采食,但为节省饲料,每天最好有2~3小时的空槽时间。另外,晚上比白天安静和凉爽,所以,晚上最好有足够的饲料供应,以利鸭群的生长发育。要保持环境的安静和清洁卫生,避免应激和腹部无毛的情况。当体重达到5.5~6斤重时,要及时出售,以减少饲料消耗,提高经济效益,并且要做到全进全出。

第三、种鸭的管理。种鸭房舍内的垫草必须经常翻晒、更换,保持干燥、清洁,尤其是产蛋的地方,垫草一定要干燥,才能得到光滑洁净的种蛋。对于新开产的新母鸭,可在鸭舍一角或沿墙多垫干草做成蛋窝,再放几个蛋作为引蛋,引诱新母鸭集中产蛋,运动场要保证流水畅通,不能积有污水,保持鸭体干燥清洁。鸭舍内要通风良好。此外,鸭子交配是在水中进行的,要延长种鸭的下水时间。

招式96 巧放牧提升鹅的饲养水平

俗话说:"养鹅不怕精料少,关键在于放得巧"。一语点破了放牧在养鹅中的关键作用,强调了"巧"放牧在养鹅过程中的意义。"巧"放牧可使鹅采食到大量的青绿饲料,既满足了鹅的营养需要,又节约了精料,降低了饲养成本。也使鹅得到充分的运动,增强了体质。

在实际的放牧过程中,鹅吃到半饱时,就感到疲惫,其表现为采食速度减慢,有时停止采食,扬头伸颈、东张西望、鸣叫,公鹅表现尤其明显。此时,应将鹅群赶入池塘或溪河,让其饮水、游泳。鹅群在水里饮水梳羽,疲乏顿时消除,情绪十分活跃,相互追扑或潜入水底。经过一阵剧烈的运动后,鹅群就自由自在地游来游去,这时,应尽快将鹅群赶回草场,让鹅群继续采食,待鹅群吃饱后,让其在树荫下和凉棚里休息。鹅群休息时,周围环境要安静,避免惊扰。当鹅群骚动时,说明鹅群已休息好。再次将鹅群赶入草场,让鹅采食,这样鹅群就能吃饱、饮足、休息好。此外,当雏鹅尾尖、体两侧长出羽毛管后,可将"迟放牧"改为"早放牧",让鹅尽量吃上露水草,民间有"吃上露水草,好比草上加麸料"之说,但有雾天气,要待雾散后才能放牧,放牧时禁止让鹅群曝晒、雨淋。

招式97 如何调控水温促进水产生长

不同的水产养殖对象对温度有不同的要求,其适温范围不尽相同,而季节的更替又带来了气温和水温的明显变化。如何采取相应的措施积极调控水温,保证不同养殖对象安全越冬度夏,快速繁殖和生长,是每个水产养殖者关心的问题。

尽管目前的生产技术水平还不可能对一般池塘的水温完全加以人工控制,但部分的调节和控制则是可以办到的。积极调控池塘水温,可以有效提高养殖产量和经济效益。具体来说,可以采取如下措施。

第一,根据不同季节调节水位,控制水温。春季气温较低时,鱼池的水位应该浅一些,这样有利于提高池塘水温,也有利于鱼类摄食、生长和天然饵料生物的培养。随着季节推进,温度逐渐上升,鱼体逐渐长大,鱼池水位须相应加深。至夏季最高温度时,池水应加到最高水位,这样可使池塘下层水温不致过高,通过对流,使整个池水水温不致超出鱼类的适温范围,从而有利于鱼类的栖息和生长。

第二、为了保证鱼池温度较高,水池边不要种植高大的树木,也不宜有高耸的建筑物,池中不应有挺水植物和浮叶植物,以免遮蔽阳光,影响水温升高。

第三、风大的地区,为保证池塘有一定的水温,可在池塘近旁种植丛林以防大风。到了冬季,可在鱼类越冬池的北面搭设防风棚,防止池塘水温降得过低。

招式 98 蝇蛆饲喂提升养殖效果

第一、在雏鸡阶段,每天加喂部分蝇蛆,每公斤鲜蝇蛆可使雏鸡增重 0.75 公斤,可增值 2 元左右,喂蝇蛆组的鸡开产日龄比对照组提前 28 天,产蛋量和平均蛋重都明显高于对照组。

第二、在其他条件完全相同的情况下,用 10% 的蝇蛆粉喂养蛋鸡与用 10% 的鱼粉喂养蛋鸡相比,喂蝇蛆粉的产蛋率比喂鱼粉组提高 20.3%,饲料报酬率提高 15.8%,每只鸡增加收益 72.3%。

第三、在基础饲料相同的条件下,每只鸡加喂 10 克蝇蛆,产蛋率提高 10.1%,每公斤蛋耗料减少 0.44 公斤,节约饲料 58.07 公斤,平均每 1.4 公斤鲜蝇蛆就可增产 1 公斤鸡蛋,而且鸡少病,成活率比配合饲料喂养的高 20%。

第四、在基础日粮相同的基础上,每头猪每天加喂 100 克蝇蛆粉或 100 克鱼粉,结果喂蝇蛆粉的小猪体重比喂鱼粉的增加 7.18%,而且每增重 1 公斤毛重的成本还下降 13%,用蝇蛆喂的猪其瘦肉中蛋白含量比喂鱼粉的高 5%。

第五、用蝇蛆饲喂出壳一个月的稚龟,其体重平均每只增加 4.53 克,增重率平均为 160.27%,而喂养鸡蛋黄的稚龟平均每只增重 1.2 克,增重率平均为 42.61%,前者是后者的 3.8 倍。

第六、用蝇蛆饲喂 5~36 克的美国青蛙幼体,其生长速度、成活率与黄粉虫喂养组效果相同。

招式 99　春季禽畜饲养管理要点

一、注意保暖。早春时节，气候寒冷，昼夜温差大，养殖户应注意做好保暖工作。圈舍内的取暖设备不要过早拆除，挡风草帘和塑料薄膜至少应保留到平均气温10℃以上，夜间尤其要注意防止寒冷侵袭。

二、消毒圈舍。当气温回升，畜禽粪便会迅速发酵，要及时打开门窗排除舍内污浊气体，并对圈舍进行一次干净彻底的消毒处理。

三、增补营养。春季青绿饲料缺乏，而此时家畜开始褪毛，皮肤表面角化层也开始脱落，急需补充氨基酸、维生素、矿物质，因此，应注意添加优质青贮饲料、发芽饲料以及胡萝卜、青萝卜、大白菜、南瓜等以补充营养，调节胃肠功能。"清明"以后，采集野菜喂养畜禽，既可节省饲料、补充营养，又能预防疾病。用苦菜、蒲公英喂养哺乳母兔，产奶量特别高。"谷雨"过后，雨水明显增多，冬贮饲料要经常检查、翻晒，饲喂牛羊等食草动物时，应注意切短、补充食盐。"立夏"前后，山上的野酸枣长出嫩绿的叶芽，喂羊能明显加速山羊披毛更新，配合山羊抓绒，可以增加经济收益。

四、搞好繁殖。春季是肉鸽产蛋、孵化、育雏的好时期，应注意观察，补足营养，做好初产种鸽的训练和诱导工作；春季孵化、育雏，要处理好温度、湿度、光照和通风的关系，尤其是蛋用家禽，必须控制好光照；养育春羔、春犊、春崽，首要的问题是保暖，其次是搞好卫生，包括环境卫生、饲料卫生、饮水卫生，防止发生腹泻、肠炎。春季还是牛、羊、猪等动物发情的季节，要注意观察动物的发情表现，保证及时配种受胎，配种前后，给种畜补足矿物质、维生素。

五、预防疾病。春季最易发生流感，要搞好预防，对空气进行消毒，可喷雾过氧乙酸或熏蒸食醋；预防家兔流感，可将大蒜切片添加在饲料中；预防家禽流感，应提前注射禽流感疫苗。春末夏初，猪瘟、猪喘气病、猪传染性胃肠炎、猪大肠杆菌病、牛流行热、牛恶性卡他热、羊传染性口炎、鸡新城疫、鸡传染性支气管炎、鸡传染性喉气管炎、鸡痘、兔瘟等疾病多发，应提前做好疫苗注射，防患于未然。